城市市政设施养护与维修系列丛书

城市河道养护与维修

主 编 朱 祺 张 君 王云江

中国建材工业出版社

图书在版编目（CIP）数据

城市河道养护与维修/朱祺，张君，王云江主编
. --北京：中国建材工业出版社，2021.1
（城市市政设施养护与维修系列丛书）
ISBN 978-7-5160-3126-1

Ⅰ.①城… Ⅱ.①朱… ②张… ③王… Ⅲ.①城市—河道整治 Ⅳ.①TV882

中国版本图书馆 CIP 数据核字（2020）第 249591 号

内容简介

为了延长城市河道的使用年限，确保城市河道的环境治理、生态修复等功能，确保其服务水平与安全，本着“建养并重、以养为主、预防为主、防治结合”的原则，应采取有效的养护措施。本书主要内容包括河道养护概述、河道巡检与监测、河道保洁、河道生态养护、河道常态化清淤、河道设施养护与维修、河道养护应急管理、河道养护资料管理等。本书按照最新国家和行业标准规范编写，具体较强的实用性、针对性和可操作性。

本书可供从事市政工程、河道工程养护与管理的技术人员学习参考，也可作为高校市政工程、环境工程等相关专业的教学辅导用书。

城市河道养护与维修
Chengshi Hedao Yanghu yu Weixiu
主编 朱 祺 张 君 王云江

出版发行：中国建材工业出版社
地　　址：北京市海淀区三里河路 1 号
邮　　编：100044
经　　销：全国各地新华书店
印　　刷：北京鑫正大印刷有限公司
开　　本：850mm×1168mm 1/32
印　　张：3.75
字　　数：90 千字
版　　次：2021 年 1 月第 1 版
印　　次：2021 年 1 月第 1 次
定　　价：**32.00 元**

本社网址：www.jccbs.com，微信公众号：zgjcgycbs

#《城市河道养护与维修》
编写委员会

主　编： 朱　祺　张　君　王云江

副主编： 陈　欣　龚忠键　李　欣　朱哲飞
杜　丹

参　编：（按姓氏笔画排序）
丁立凯　叶海建　吕方勇　沈　翔
张麟杰　陈经天　陈映鑫　罗　赟
夏泽民　秦明辉　戚家欣　傅宇涛
曾金霞　斌　峰

序

近年来，我国城市道路、城市桥梁、城市管道、城市轨道、城市河道与城市隧道建设发展迅速，未来几年建设任务更加繁重。随着道路、桥梁、管道、轨道、河道及隧道等使用时间的延长，加之交通量及轴重增大、气候环境恶化等因素影响，路面不同程度出现开裂，桥梁、管道出现破损，河道出现“脏、乱、臭”等问题，严重影响车辆的正常通行、安全以及生态环境。

为了延长道路、桥梁等基础设施的使用年限并保障其畅通，确保其服务水平与安全，我们必须本着“建养并重、以养为主、预防为主、防治结合”的原则，采取有效的养护措施。确保使用安全和服务水平是养护工作的核心，且具有十分重要的意义。

多年来，杭州市路桥集团股份有限公司致力于城市道路、城市桥梁、城市管道、城市轨道、城市河道与城市隧道的养护与维修技术，为提高养护工作效益，减少养护安全投入，持续开展了道路、桥梁、河道、隧道等养护技术方面的研究，研发了一些新技术、新材料与新工艺，积累了丰富的经验。为了提高养护和维修的管理水平，保证基础设施的质量与安全，同时也便于现场一线技术和管理人员的学习与使用，特编写了这套城市市政设施养护与维修系列丛书，主要包括：

(1)《城市道路养护与维修》

(2)《城市桥梁养护与维修》

(3)《城市管道养护与维修》

(4)《城市轨道养护与维修》

(5)《城市河道养护与维修》

(6)《城市隧道养护与维修》

本系列丛书力求内容翔实、系统、新颖、实用，紧密结合市政工程、养护与维修一线的实际情况，突出实际应用。通过阅读本系列丛书，可以使养护与维修技术在实际施工中切实地加以落实，并促进同仁间的学习交流。

王云江

2018年8月

前　言

河道是水资源的载体，是行洪通航的重要通道，是生态环境的组成部分，是自然景观的依托。合理、全面地提高河道养护管理水平，不仅可以使其发挥应有的作用，给市民一个安全、优美的亲水环境。河道养护管理遵循“长效管理，定期养护，及时维护”和“养重于修，修重于抢”的原则，开展河道养护与维修工作。除符合本技术要求外，还应符合国家现行有关技术标准的规定。

目前，我国从事河道养护与维修的企业众多，从业人员数量较多，但现有的作业规范尚不完整，指导性用书较为分散，缺少对作业要求与措施方法系统、完善的梳理，给养护与工作带来许多困难。杭州市路桥集团股份有限公司从事城市河道养护与维修多年，有着一定的养护实践经验。笔者以实践为基础，尝试从河道的巡查与监测、河道保洁、河道生态养护、河道常态化清淤、河道设施养护与维修等方面，系统整理并介绍具体的技术与管理内容，希望能够帮助读者解决若干实际问题。

本书内容实用、系统、全面，注重理论与实际相结合，并有针对性、实用性和可操作性，具有较强的指导作用和参考价值，可供城市河道养护、维修与管理人员学习和参考。

本书参考和引用了同行学者的著作、论文和相关标准规范，并在编写过程中得到了诸多同行的帮助，在此谨向他们致以诚挚的谢意！限于水平，本书难免有疏漏和不当之处，敬请广大读者批评指正。

编　者

2020 年 9 月

目　录

第 1 章　河道养护概述

为加强河道维修养护管理工作，提高河道维修养护水平和质量，保障河道设施完整，根据《城市河道养护管理规范》(DB 3301/T 0272—2018)、《城市河道净水设施养护管理规范》《城市河道标志系统设置规范》(DB 3301/T 0234—2018)、《城市生态河道设施配置规范》(DB 3301/T 0236—2018)、《美丽河道评价标准》(DB 3301/T 0226—2017) 和《杭州市城市河道作业人员作业行为规范》等相关标准和规范要求，编写本书。

1.1　河道养护意义

随着我国社会经济的快速发展，居民的生活质量和品质均得到持续提升，与此同时，各类环境、生态问题也随之而来，生活污水、工业废水、农田排水及其他有害物质直接或间接进入河流，导致河道“脏、乱、臭”，因此河道养护管理成为当前城市生态文明建设的重点内容之一。通过河道的综合整治、长效管养做到河面清洁，无明显垃圾漂浮，河岸整洁干爽，无垃圾随意倾倒，建立有效的河道环境长效管理机制，确保河道治理成果得到巩固，提升公众对河道环境的满意度，不断改善城市河道环境，实现“水清岸绿、舒适宜居、和谐美好”的目标。

1.2 河道养护内容

河道养护就是为加强河道管理养护，提高河道管养质量和技术水平，保持河道设施完好，不断改善河道环境，延长河道设施的使用年限，实现“流畅、水清、岸绿、景美、宜居、繁荣”的目标。其主要包含城市河道的巡查与监测、保洁、生态养护、常态化清淤、河道养护与维修及河道养护应急管理等工作。

河道巡检：在河道管理红线范围内的河岸驳坎护岸、河面及河床、河道附属设施、河道水质、河道生态植物及设施设备等涉河设施由专人（必要时可利用相关仪器）进行常规巡检，定期检查和特殊检查。

河道监测：在河道管理红线范围内的河床、水位及水质由专业人员利用专业仪器进行专项监测。水质监测应由专业资质单位按国家相关水质监测规范执行。

河道保洁：在河道管理红线范围内利用机械设备（保洁船、垃圾压缩车等）或人工对河面、河岸等各类硬化设施的垃圾进行清理、收集、分类、外运处置等。

河道生态养护：在河道管理红线范围内由专人（必要时可利用相关仪器）对水生植物、生态浮岛、曝气增氧等设备进行施肥、修剪、更换及维修保养等。

河道常态化清淤：在河道管理红线范围内由专人（必要时可利用相关设备）清理沉积的淤泥、废弃物、垃圾及外运处置等。

河道设施养护与维修：在河道管理红线范围内的驳岸设

施、园路及慢行系统、景观休闲设施、检测监控设施、引配水设施、环卫设施、导向、信息标志、安全设施等因遭受自然和人为各种因素的影响，其功能逐渐退化而呈病害状态，需要通过专人（必要时可利用相关仪器）进行维修、保养等。

河道养护应急管理：成立应急工作领导小组，制订抗雪防冻、防汛抗台、水质污染、重大活动及节假日等应急保障方案，配备必要的抢险队伍、设备和物资，建立24h值班制度并按照要求做好相应的保障及抢险工作。

第2章 河道巡检与监测

河道巡检一般包含河道常规巡检、定期检查和特殊检测、检查。河道监测一般包含河床动态监测、水位及水质监测。

2.1 河道巡检

河道巡检是指由专人（必要时可利用相关仪器）对河道管理红线范围内的涉河设施进行的常规巡检、定期检查和特殊检测。

2.1.1 河道常规巡检

河道常规巡检是指在河道管理红线范围内由专人对河岸驳坎护岸、河面及河床、河道附属设施、河道水质、河道生态植物及设施设备的养护情况、作业情况的日常巡视、检查，对涉河建设项目的监督巡检，对各项重大活动及节假日服务的保障巡检，以及对违法违章行为和不文明现象的劝阻。

1. 一般规定

1）河道巡检应由专人负责。

2）在巡检时应认真负责、全面仔细，实时掌握河道管理红线范围内所有设施的卫生和设施状况，巡检记录做到及时、详尽、准确。

3）在巡检过程中发现河道有突发性水污染事件时，应按有关要求及时上报。

4）河床巡检尽可能在低水位的情况下进行。

5）对超出日常维修养护范畴的问题，应按有关要求及时上报，必要时应采取相应措施。

6）应认真记录巡检结果。

7）应及时分析、整理巡检资料，定期进行整编和归档。

2. 常规巡检内容

1）河岸驳坎护岸巡检内容。河岸驳坎护岸的巡检内容包括对河岸驳坎挡墙、围护桩、护坡等水工构筑物的结构是否完好、外观是否整洁等情况的日常巡视及检查。

2）河面及河床巡检内容。

(1) 河面的巡检内容包括对河面有无垃圾、污染物，拦漂和水质改善设施是否完好、整洁，生态植物的生长情况是否良好等情况的日常巡视及检查。

(2) 河床的巡检内容包括对河岸排水管口是否有淤积，弯道河段、束水河段和水（泵）闸上下游河段、水下构筑物等位置有无阻水障碍物、垃圾等情况的日常巡视及检查。

3）河道附属设施巡检内容。河道附属设施的巡检内容包括对园路及慢行系统（块石、道板路面、侧石），环卫设施（果壳箱、垃圾桶），景观设施（廊亭、景观雕塑、建筑小品、亭阁、假山），导引设施（沿河园路、慢行系统、码头、廊亭设置的介绍，提醒引导行人、游客的公告牌、介绍牌、导向牌、倡导牌、公示牌等标示牌），安全设施（护栏、防撞墩、限位墩、救生圈、救生衣、救生绳、救生梯、警示牌、地面警示标线等）的结构是否完好、外观是否整洁的日常巡视与检查，监测、监控设施，引配水设施（闸门、启闭设备等）的运转是否正常、构件是否完好、外观是否整洁的日常巡视与检查。

4）河道水质巡检内容。河道水质的巡检内容包括对河道水体是否有异味、异色、藻类、工业废水等污染的日常巡视与检查，对河道沿线排水口设施是否完好、晴天是否有排污的日常巡视与检查。

5）河道生态植物及设施设备巡检内容。

（1）河道生态植物的巡检内容包括对挺水植物、浮水植物、沉水植物生长情况是否良好，修剪情况是否及时的日常巡视与检查。

（2）河道生态设施设备巡检内容包括对生态浮岛、链接扣是否完好、是否掉落，附着在浮岛周围的杂物或垃圾是否及时清理的日常巡视与检查。

6）监督巡检内容。监督巡检内容包括对涉河建设项目（涉河工地、占用河道水域、占用河道地块等项目）的实际施工情况、安全文明施工情况是否按照要求执行的日常巡视、检查，发现问题及时拍照取证、上报复核。

7）保障巡检内容。保障巡检内容包括在各项重大活动或者在节假日开展对卫生死角的清理情况、设施构件的维修情况、设备的运行情况等的监督、检查，发现问题及时拍照取证、上报复核。

8）违法违章行为和不文明现象的劝阻内容。违法违章行为和不文明现象的劝阻内容包括对河道设施是否被占用、侵入或挪作他用，河道内是否有洗涤衣物、垂钓（图 2-1）、设置渔网（图 2-2）、虾笼等，河道沿岸是否有侵占绿地、乱堆乱放、晾晒衣物，污水排放、非法施工等违法违章情况，对这些现象的拍照取证、记录跟踪、礼貌劝阻、上报及跟踪处理。

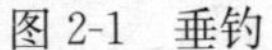
图 2-1　垂钓

图 2-2　渔网

3. 常规巡检工具

照相机、对讲机、电瓶车或巡检用车（船）宜安装车载定位等必要装备。

4. 常规巡检要求

1）河岸驳坎护岸巡检要求。

（1）河岸驳坎挡墙巡检要求。

① 墙体无下沉、倾斜、位移情况，墙基无冒水、冒沙等情况。

② 混凝土及钢筋混凝土结构表面无起壳、剥落、侵蚀、裂缝、碳化、露筋等情况。

③ 砌石体表面无松动、裂缝、破损，勾缝无脱落、鼓肚、渗漏，驳坎无掏空，护坡无坍塌等情况。

④ 伸缩缝、沉降缝无破损、渗水，填充物无老化、流失，泄水孔无堵塞等情况。

⑤ 墙前土坡或滩地无受水流、船行波冲刷，墙后回填土无下沉等情况。

⑥ 驳坎挡墙克顶上无杂物、杂草，迎水面上无污垢、无福寿螺（每年 5—8 月是繁殖盛期、卵圆形、粉红色卵粒相互

粘连成块状）（图 2-3）。

图 2-3　福寿螺

⑦ 驳坎挡墙止水设施无破损，无渗水，缝内填料无流失等情况。

⑧ 驳坎挡墙克顶无破损、缺失、移位等情况。

（2）河岸围护桩巡检要求。河岸围护桩无滑移、倾斜、松动、腐烂、缺失等情况。

（3）河岸护坡巡检要求。

① 检查护坡内固土植物的生长，无病害、缺失、黄土裸露等情况。

② 护坡无水土流失现象等情况。

③ 夏季护坡植被没有干枯等情况。

④ 每年汛前、汛后和每次台风、洪水过后，对河岸护坡进行全面检查，确保河岸护坡安全、完好。

2）河面及河床巡检要求。

（1）河面巡检要求。

① 河面无枯枝、落叶、白色垃圾等漂浮物。

② 河面无病死动物、蓝藻（图 2-4）、污花（图 2-5）等污染物。

③ 拦漂和水质改善设施完好、整洁。

④ 生态植物无病虫害、枯枝、残枝等情况。

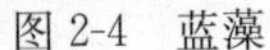

图 2-4　蓝藻

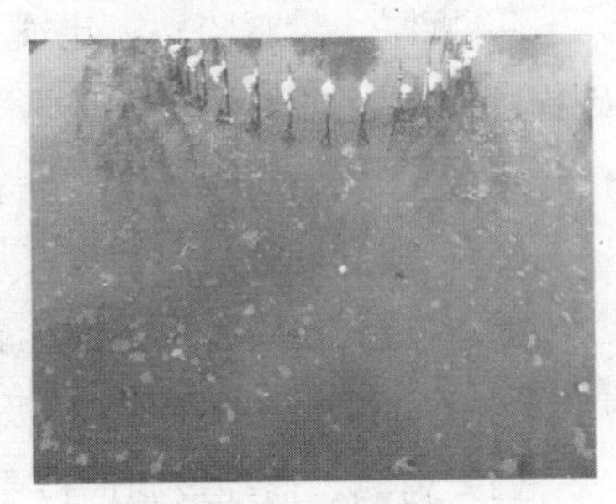

图 2-5　污花

（2）河床巡检要求。

① 排水管口无淤积。

② 河道凹岸、束水河段的河床无深坑、阻水障碍物等情况。

3）河道附属设施巡检要求。

（1）园路及慢行系统巡检要求。

① 块石、道板路面、侧石无松动、破损、错台、凸起或凹陷等情况。

② 块石、道板路面、侧石填缝料无缺失。

③ 块石、道板、侧石无破裂、积泥、脱空等情况。

④ 块石、道板无积水、唧泥等情况。

⑤ 块石、道板无喷涂小广告等污渍。

⑥ 沥青混凝土表面无裂缝、坑洞等病害。

⑦ 道板缝内无杂草等杂物。

（2）环卫设施巡检要求。

① 果壳箱无油漆脱落、歪斜、破损、缺失等情况。

② 果壳箱外壳无小广告等污渍。

③ 果壳箱无垃圾满溢现象。

（3）景观设施巡检要求。

① 廊亭、景观雕塑、建筑小品、亭阁、假山表面无剥落、破损，油漆表面无鼓包、斑驳、剥落、锈蚀等现象，外观清洁，无灰尘、蜘蛛网、小广告等。

② 景观灯无破损、缺失，灯杆无倾斜等现象。

③ 座椅无缺失、外表面无剥落、掉漆等现象。

④ 景观灯、座椅表面无垃圾、灰尘，无小广告喷涂等现象。

（4）监测、监控设施巡检要求。

① 对讲系统、闭路监控系统。

a. 摄像机无缺失、破损。

b. 调试前端设备摄像机、控制系统运转无异常，防护罩及支撑无松动、破损。

c. 调试信号传输系统正常，线路连接状态无异常，避雷装置无松动。

d. 调试硬盘录像机、监视器、控制设备等中心控制室运转无异常。

② 水尺监测要求。

a. 设置的水尺刻度，读数清晰、醒目，无破损。

b. 水尺（螺栓、螺帽）紧固件无松动、缺失、锈蚀、破损。

（5）引配水设施。

① 闸门无变形。

② 闸门的启闭设备、转动部件及限位装置等无破损，橡胶止水带无老化，门墩无破损。

③ 机电设备、指示仪表及防雷设施无故障、破损。

（6）导引设施巡检要求。

① 标示牌完好，牌上字体完整、清晰、镶嵌牢固。

② 标示牌无变形、损坏、锈蚀，无小广告喷涂。

(7) 安全设施巡检要求。

① 河道护栏。

a. 立柱及水平构件无松脱、变形、破损、风化等现象。

b. 护栏表面无脱落或掉漆。

c. 护栏表面无灰尘、污渍。

② 防撞墩、限位墩、救生圈、救生绳、救生梯等。

a. 防撞墩、限位墩、救生圈、救生绳、救生梯无变形、损坏、移位、缺失等情况。

b. 上岸扶梯和紧固件（螺栓、螺帽）无松动、生锈、缺失、损坏等情况。

③ 警示牌、地面警示标线。

a. 警示牌、地面警示标线完整、清晰、镶嵌牢固。

b. 警示牌无变形、损坏、锈蚀，无喷涂小广告等情况。

4) 河道水质巡检要求。

(1) 河道水体无异味、变色、透明度降低等特殊情况。

(2) 河道水体无藻类污染（图 2-6）、水生植物的泛滥（图 2-7）、水体生物等污染。

图 2-6　藻类污染

图 2-7　水葫芦泛滥

(3) 河道水体无工业油污（图 2-8）、泥浆（图 2-9）等污染。

图 2-8　河面有油污

图 2-9　河面有泥浆

(4) 河道沿线排水口设施完好，晴天无出水，无偷排污水（图 2-10）、泥浆（图 2-11）等情况。

图 2-10　排水口偷排污水

图 2-11　排水口偷排泥浆

(5) 河道沿线排水口有晴天出水现象的，要分时段（上午、中午、下午）检查出水情况，记录出水频次。

5）河道生态植物及设施设备巡检要求。

(1) 挺水植物、浮水植物、沉水植物无枯黄、枯死和倒伏等现象。

(2) 冬季，挺水植物及时修剪，对扩张性植物和死株及时修剪、挖除。修剪下的植株及时清除。

(3) 浮水植物扩张性植株每月修剪，修剪下的植株及时清除，霜冻后枯死植株及时清除。

(4) 台风天气及强泄洪前后 2～3d 检查浮水植物种植框，确保稳固；固定绳留有足够的伸缩长度。

(5) 沉水植物没有长出水面，若影响景观，应通知作业人员及时修剪。

(6) 水生植物无生长不良、病虫害等情况。

(7) 浮岛无破损、松散，链接扣牢固，浮岛周围没有附着的杂物或垃圾。

6) 监督巡检要求。

(1) 监督涉河工地项目按要求进行审批，施工范围在审批红线之内，施工时间在审批范围之内。

(2) 围堰拆除后不存在积淤未清理到位的情况。

(3) 不存在不文明施工的情况：施工告示按要求设置，占用地块内没有垃圾堆积。

7) 保障巡检要求。

(1) 各项重大活动及节假日期间保障巡检工作的开展，主要是在节前对负责的区域进行卫生死角的清理情况、设施构件的维修情况、设备的运行情况等的监督、检查，发现问题时整改，做到“第一时间发现问题，第一时间处置问题，第一时间消除问题”。

(2) 巡检人员提高当天的巡检频次，做好记录工作。

(3) 活动期间如遇暴雨、台风、雨雪天气，则启动相应的防汛、防台风应急预案、抗雪防冻应急预案。

8) 违法违章行为和不文明现象的劝阻。河道设施常因沿河居民或单位为图方便，而被占用、侵入或挪作他用等违法违章情况。对这些违法违章行为，要求巡检人员在日常巡视检查中做到“四个第一”，即第一时间发现、第一时间进行记录和拍照取证、第一时间劝阻、第一时间上报，并应填写违法（违规）事件登记表（表 2-1）。

表 2-1　违法（违规）事件登记表

<table>
<tr><td>事件来源</td><td colspan="6">□日常巡检　□作业人员举报
□社会举报　□上级或领导交办　□其他</td></tr>
<tr><td>事发地点</td><td colspan="6"></td></tr>
<tr><td rowspan="3">报告人情况</td><td>姓名</td><td></td><td>性别</td><td></td><td>电话</td><td></td></tr>
<tr><td>联系方式</td><td colspan="5"></td></tr>
<tr><td>单位（地址）</td><td colspan="5"></td></tr>
<tr><td colspan="7">主要内容：

记录人：
年　月　日</td></tr>
<tr><td colspan="7">处理意见：

负责人：
年　月　日</td></tr>
</table>

（1）河道沿线无深基坑开挖等危及城市河道安全的行为。

（2）在河道内无洗涤衣物、垂钓、游泳等情况。

（3）无侵占绿地、乱堆乱放、晾晒衣物等现象。

（4）雨水排放口无污水排放。

（5）水体无明显变化等现象。

（6）无未经审批的涉河建设项目（擅自改动、占用、挖掘河道设施，擅自搭建建筑物等）。

（7）无非法施工，无违规搭建、堆载、靠泊，无堵塞防汛通道，河道设施无人为损坏等情况。

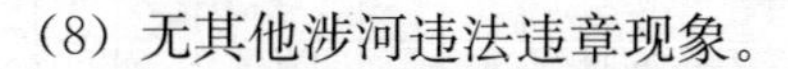

（8）无其他涉河违法违章现象。

2.1.2 河道定期检查

河道定期检查是指河道管理红线范围内对河道驳坎挡墙沉降观测、裂缝观测，以及船只设备的定期检查。

1. 河道驳坎挡墙沉降观测

1）一般规定。

（1）河道定期检查应由专人负责，每年一次。

（2）在观测、检查时应认真负责、全面仔细，及时掌握河道设施的整洁和完好状况，巡检记录做到真实、详尽、准确。

（3）对超出日常维修养护范畴的问题，应按有关要求及时上报，必要时应采取相应措施。

（4）观测、检查结果应认真填写记录。

（5）观测资料应及时分析整理，定期进行整编和归档。

2）驳坎挡墙沉降观测内容。驳坎挡墙沉降观测内容包括根据管理需求利用专业仪器、技术、人员，对河道的驳坎顶部或墙顶高程进行测量，堤防护岸显著位移时应进行跟踪监测检查。

3）驳坎挡墙沉降观测检查工具。驳坎挡墙沉降观测检查工具有电子水准仪、全站仪等。

4）河道驳坎挡墙沉降观测的定期检查要求。

（1）沉降与位移检查采用专业设备，按照国家有关检查规范执行，同步做好检查资料的编制、存档工作。

（2）同一观察点的两次观测误差不得大于1mm，水准测量应采用闭合法进行。

（3）观测结果应填写驳坎挡墙沉降观测记录表（表2-2），并上报相关管理部门。

表 2-2 驳坎挡墙沉降观测记录

驳坎挡墙名称：　　　　起止桩号：

观测单位：　　　　观测日期：　　　　天气：

记录人：

观测人：　　　　项目负责人：　　　　单位：mm

测点编号	测点位置		测站坐标			后视点坐标			上次观测坐标			本次观测坐标			坐标变化量			累计变化量		
	桩号	部位	X	Y	Z	X	Y	Z	X	Y	Z	X	Y	Z	X	Y	Z	ΔX	ΔY	ΔZ

2. 河道驳坎挡墙裂缝观测

1）一般规定。

（1）河道定期检查应由专人负责，每年一次。

（2）在观测、检查时应认真负责、全面仔细，及时掌握河道设施的整洁和完好状况，巡检记录做到真实、详尽、准确。

（3）对超出日常维修养护范畴的问题，应按有关要求及时上报，必要时应采取相应措施。

（4）观测、检查结果应认真填写记录。

（5）观测资料应及时分析整理，定期进行整编和归档。

2）驳坎挡墙裂缝观测内容。驳坎挡墙裂缝观测内容包括根据管理需求利用专业仪器、技术，对可能影响驳坎挡墙（含墙身、变形缝、基础、墙身接缝）结构安全的裂缝，选择有代表性的位置，设置固定观测标点进行的监测检查。

3）驳坎挡墙裂缝观测检查工具。驳坎挡墙裂缝观测检查工具有裂缝观测仪、比例尺、小钢尺、游标卡尺等。

4）河道驳坎挡墙裂缝观测的定期检查要求。

（1）在裂缝发展初期，每天应观测一次，趋于稳定后每月观测一次，裂缝发展缓慢后可适当减少测次。

（2）裂缝有显著发展时，应增加测次。

（3）判明裂缝已不再发展后，应恢复正常观测。

（4）在进行裂缝观测时应同时记载当时的气温，并了解护岸墙体结构，记录裂缝位置、裂缝长度、宽度、深度的变化情况。

（5）观测结果应填写裂缝观测记录（表2-3）并进行分析。

表 2-3　裂缝观测记录

裂缝位置：　　　　　　　　　　　　　　　　　　　　　　　　　　　　　单位：mm

始测日期：　　　　上次观测日期：　　　　本次观测日期：　　　　间隔：　　　　d

裂缝编号	裂缝位置			始测			上次观测			本次观测			间隔变化量			累计变化量			大气温度	备注
	桩号	高程	部位	缝长	缝宽	缝深	缝长	缝宽	缝深	缝长	缝宽	缝深	缝长	缝宽	缝深	缝长	缝宽	缝深		

注：裂缝发展初期，每天观测一次；

趋于稳定后每月观测一次（恶劣天气前后为宜），裂缝稳定后可适当减少；

绘制主要裂缝平面形状图及裂缝平面分布图。

2.1.3 河道特殊检查

1. 自然侵蚀或人为破坏后的特殊检测

当河道设施遭受自然侵蚀、人为破坏、施工后造成的结构性损伤，施工存在影响河道设施使用功能和结构安全时，要进行结构性与安全性的特殊检查。

1）一般规定。

（1）收集河道的设计、竣工资料，历年养护、检测评价资料，材料、特殊工艺技术资料。

（2）在检测中发现的问题，必须在第一时间采取有效措施并向有关部门报告。

2）自然灾害或人为破坏后的特殊检查内容。

（1）遭受自然灾害或人为破坏后造成结构性损伤的设施。

（2）在定期检测中难以判明是否存在安全隐患的设施。

（3）存在影响河道设施使用功能和结构安全的设施。

（4）在城市河道下进行管涵顶进、降水作业或隧道开挖等工程施工完成后的附近设施。

（5）河岸驳坎（护岸）设施等设施存在渗流、掏空、明显沉降、明显裂缝时须及时进行特殊检查，必要时由专业资质单位进行跟踪监测。

3）自然灾害或人为破害后的特殊检查工具。照相机、对讲机、巡检用车（船）宜安装车载定位、警戒线、安全提示牌等必要的装备，必要时由专业资质单位采用专业仪器进行跟踪监测。

4）自然灾害或人为破坏后的特殊检查要求。

（1）设施周边应设置安全维护及警示标志（禁戒线、警示牌）。

（2）检测河道结构强度，必要时钻芯取样进行分析。

（3）调查河道设施破坏的原因。

（4）对河道结构整体性能、功能状况进行评价。

（5）提出维护或加固建议。

（6）检测结果应提交书面报告。

2. 恶劣天气来临前后的特殊检查

台风、暴雨、冰冻、暴雪等恶劣天气来临前后，对所管辖河道设施进行全面检查，重点是对驳坎、涉水点的围堰、河边高堆土及河道地势低易淹的河段是否存在安全隐患的特殊检查。

1）一般规定。

（1）恶劣天气来临前后河道特殊检查应有专人负责。

（2）在检查时应认真负责、全面仔细，及时掌握沿河设施的警戒状态和完好状况，巡检记录做到真实、详尽、准确。

（3）对超出日常维修养护范畴的问题应按有关要求及时上报，必要时应采取相应措施。

2）恶劣天气来临前后特殊检查内容。

（1）恶劣天气来临前：对所管辖河道设施进行全面检查，重点是驳坎、涉水点的围堰、河边高堆土及河道地势低易淹的河段安全隐患的全面排查。

（2）恶劣天气来临时：根据雨量，调整引配水，观察河道雨量、水位、流向调整引配水的情况，严禁外出作业。

（3）恶劣天气来临后：河道设施及沿线构筑物安全的检查，排水口的检查；河道流域是否有阻水点的检查，对已被淹的慢行系统路段主要出入口、危险的河埠头等存在安全隐患的排查。

3）恶劣天气来临前后所需的特殊检查工具。恶劣天气下所需的特殊检查工具有相机、对讲机、巡检用车（船）、警戒线、安全提示牌、抢险工具、绳索、电（油）锯、排水泵等。

4）恶劣天气下来临前后特殊检查要求。

（1）恶劣天气来临前。

① 巡检员在亲水平台、窄道、急弯路、主要通道口等危险区段，应设置警示标志（禁戒线、警示牌），切实排除安全隐患，确保行人的通行安全；

② 应检查船只停放是否安全，适当地用缆绳加固船只，防止河面结冰或水位变化造成船只受损。

（2）恶劣天气来临时。

① 应定时观察河道雨量、水位、流向并调整引配水；

② 应保持通信畅通，按照指令执行，无特殊情况不得外出。

（3）恶劣天气来临后。

① 检查确认河道设施及沿线构筑物无安全隐患。

② 检查确认河道流域无阻水点。

③ 检查确认园路无积水、积泥。

④ 检查确认已被淹的慢行系统路段主要出入口、危险的河埠头等无安全隐患（游步道、驳坎出现的水土流失、沉降、移位，凉亭及座椅破损、松动）。

⑤ 对倒树、破损设施进行登记上报并在周边设置安全警示标志。

2.1.4　河道巡检与检测安全、文明作业要求

1）巡检人员应自觉使用文明用语，礼让行人，规范作业，不得与他人、单位发生冲突。

2）严禁酒后作业，不得边作业边吸烟、吃零食。

3）不得扎堆闲聊、打牌或从事其他与本职业无关的活动。

4）巡检人员应爱护巡检设备，严格按照使用说明书使用，不得故意损坏设备。

5）巡检人员必须佩戴安全反光背心等防护用品。

6）在上高边坡进行监测时必须佩戴一定的安全防护用品，如挂安全绳、穿防滑安全鞋等。在埋设监测仪器时，必要时在边坡的临空面四周布设安全网。

7）实时关注天气情况，遇到恶劣天气，一律禁止室外作业，特别是在台风季节，更应严密关注气象信息，做好各项安全防护措施。

8）巡检人员对违法、违章行为有劝阻的义务。

9）发现险情应第一时间做好记录上报，同时在危险区域周边设置安全警示隔离，在没有有效保护措施的前提下，严禁擅自抢险。

10）无法及时修复、存有安全隐患的设施，则做好相应的安全维护，并详细汇报原因，积极配合寻找解决办法。

2.2 河道监测

河道监测一般是专业人员利用专业仪器对河床、水位及水质进行专项监测。

2.2.1 河床动态监测

河床动态监测是指对河道河床通过定期的测量，掌握河床淤积、标高、结构的变化。

1. 一般规定

1）河道监测应由专人负责，监测内容、周期应符合相关规范的要求。

2）监测成果应做到真实、详尽、准确。

3）监测结果应认真填写。

4）监测资料应及时分析整理，定期进行整编和归档。

5）对超出日常维修养护范畴的问题应及时报告，必要时应采取相应措施。

2. 河床动态监测内容

1）定期监测河床淤积、标高、结构的变化。

2）在日常巡检过程中发现局部河段河床有严重淤积或严重冲刷并影响河道设施安全时，按测量规范进行河道断面测量。

3）定期监测河岸淤积是否影响排水管口的排水。

4）定期监测河道凹岸、束水河段的河床有无冲刷深坑。

5）定期监测河床底是否有突出的水下障碍物。

3. 河床动态监测工具

河床淤积动态监控需配备塔尺等必要工具。

4. 河床动态监测要求

1）应制订河床动态监测计划，保证行洪排涝畅通。

2）河床淤积厚度测量频率：不应少于每季度 1 次。

3）应对河床底进行水下地形观测，及时跟踪河床淤积情况。

4）河道清淤完成后应有复核或竣工测量，确保河道清淤按计划完成且无超挖现象。

5）河床动态监测点布置要求。

(1) 在河道上、中、下游应布置至少三个监测断面点，且每公里不少于一个，每个监控断面应分左、中、右三个点进行淤积厚度测量。

(2) 在弯道河段、束水河段和水（泵）闸上下游河段、水下构筑物区域等易淤积河段应增设监测点。

6）每年汛前、汛后应对在线监测设施进行全面检查、校对。

7）监测数据偏差时应立即进行检查，及时修复。

2.2.2 水位监测

水位监测一般是指对河道相应水位监测点的数据统计，累计数据能够直观地体现河道流势、流向、水情。

1. 一般规定

1）在充分利用已有水文网站资料基础上，遇到河道养护管理范围内无水位站点时，可根据管理需要设置水尺进行监测。

2）水尺的设置按水文观测有关规定执行。

2. 水位监测内容

1）监测每条河道相应段位、桥梁、泵站处水位高度。

2）根据天气情况，实时关注河道水位趋势，如发现水位数据短时间浮动较大，应及时上报闸站管理员，根据闸站管理员指示进行相应操作。

3）发现雨情、雨量变化及时上报，日常引配水及防汛时严格按照指令操作，若发现因外部原因导致水位变化后，应第一时间上报。

3. 水位监测仪器设备

水位监测应配备水位标尺、水位仪等必要仪器设备。

4. 水位监测要求

1）日常水位监测不宜少于每日一次。

2）如遇汛期、降雨，根据相关要求进行实时监测。

3）应根据本地区暴雨预警信号级别的高低确定河道水位观测频率（表 2-4），若达到警戒水位，应采取相应措施。

表 2-4　水位观测频率

序号	暴雨预警级别	观测频率
1	本地区黄色预警信号	1 次/60min
2	本地区橙色预警信号	1 次/30min
3	本地区红色预警信号	1 次/15min

4）水位观测结果应填写相关记录，详见表 2-5。

表 2-5　水位观测记录

闸站名称：　　　　　　　　　　　　　　单位：m

序号	观测地点或堤防桩号	观测时间	水位	备注

2.2.3　水质监测

水质监测一般是指根据管理需求利用专业仪器、技术，对河道水质的 pH 值、透明度、溶解氧、氨氮、高锰酸盐指数、总磷等主要指标开展河道水质监测。

水质监测应由专业资质单位按国家相关水质监测规范执行。

1. 水质监测检查标准

1）河道水质监测应符合现行《地表水环境质量标准》（GB 3838）、《水质　采样方案设计技术规定》（HJ 495）、《水质采样　样品的保存和管理技术规定》（HJ 493）的规定，采取单因子评价方法确定每个水质监测断面的水质级别。

2）水质评价标准可采用现行《地表水环境质量标准》（GB 3838）。

3）水质监测可以利用各地区水文站、水环境监测中心等相关单位的河道水质监测标准。

2. 水质监测要求

1）监测频率每月不应少于一次。

2）每年汛前、汛后应对在线监测设施进行全面检查、校对。

3）监测数据偏差时应立即进行检查，及时修复。

4）对检测数据定期进行采集分析，保留纸质版电子版。

2.2.4　河道监测安全、文明作业要求

1）现场检查人员应做好相应的安全防护措施。

2）汛期或者降雨期间，到现场检查应穿戴救生衣等救生设备。

3）监测站管理人员应当注意监测站用电是否安全，注意检测结束后残余试剂、样本切勿排放入河中造成二次污染。

第3章 河道保洁

河道保洁是指利用机械设备（保洁船、垃圾压缩车等）配合人工在河道管理红线范围内对河面、河岸的垃圾清理、收集、分类、外运处置等工作。

3.1 河面保洁

河面保洁是指在河道管理红线范围内利用机械（保洁船）配合人工对河道水面的垃圾、枯枝落叶、水草等漂浮物（浮萍等种植物除外）的打捞清理、收集、分类、外运处置等工作。

3.1.1 一般规定

1）河面保洁人员（船舶驾驶员及打捞人员）应持证上岗。

2）开船前按各自职责做好各项检查和准备工作并穿好救生衣。

3）船舶机体及各焊接结构件应无变形、无开裂、无渗漏现象产生，油路接头完好不漏油，连接件紧固，各运动部件油滑充足。柴油机冷却水充足。

4）在航行中，船舶驾驶员要严格遵守操作规程，确保船舶安全航行，认真做好航行记录，防止安全事故发生，保证人员和船舶安全。

5）垃圾打捞时应注意桥梁、水浅处河床的卫生死角。

6）主动向管理人员反馈作业过程中发现的异常情况（如违章行为、水质突变、河道排水口晴天出水等现象）。

7）下班时应将作业船只打扫干净并系在固定地点，非作业需要，不得使用作业车辆或船只。

8）遇暴雨等恶劣天气应停止水上作业，将船只停靠在安全地点。

9）遇到保洁船故障，应第一时间通知管理人员。必要时配合维修班组修船。

10）爱护船只和养护工具，应每天对保洁船进行例行检查，杜绝出现因操作不当而引起的船只损坏。

3.1.2 河面保洁内容

1）河道管理红线范围内的河面枯枝、落叶、白色垃圾等漂浮物，病死动物、蓝藻、污花等污染物的打捞、分类、打包并装运至临时堆放点。

2）台风、暴雨及洪水过后河面大型漂浮物、倾入河内的树木树枝等各类障碍物的打捞清理及外运处置。

3.1.3 河面保洁设备工具

根据河道情况（河道宽度、河道面积、通航情况）配置保洁船只，每艘保洁船应配备长柄网兜等打捞工具，机动船宜安装定位装置。

一般情况下通航河道应使用机动保洁船，未通航河道应使用手划保洁船进行保洁打捞工作。

3.1.4 河面保洁要求

1）河面无枯枝、落叶、垃圾等漂浮物。

2）河面无病死动物、蓝藻、污花等污染物。

3）台风、暴雨及洪水过后河面无大型漂浮物，无倾入河内的树木树枝等各类障碍物，河道内无阻水点。

4）垃圾分类打包后装运至临时堆放点。

5）进入作业区域后，打捞人员手持打捞工具，扫视河面，船舶驾驶员控制好船速，发现枯枝、落叶、病死动物、垃圾等漂浮物后将船缓速驶近，把漂浮物打捞到垃圾舱，对枯枝、落叶、病死动物、垃圾进行初步分类放置。对河面细小漂浮物的打捞应使用自动打捞船或者采用拉网式打捞。

6）垃圾在河面运输过程中垃圾舱应遮盖，四周扎紧绳扣。

7）卸垃圾时，必须系好船只。

8）收班前做好对保洁工具的整理及保洁船的清洁工作，保洁船应保持干净整洁，无异味。

3.2 河岸保洁

河面保洁是指河道管理红线范围的沿岸慢行系统、园路、亲水平台、河埠头、游船停靠点、廊亭等设施表面的垃圾清扫、收集、清洗等。

3.2.1 一般规定

1）河岸保洁人员作业时不应漏扫、返扫，变换工作位置时，不得将工具沿地拖行或扛在肩上，应将工具手持离地或放置于作业车辆内。

2）不得在河道内清洗作业工具。

3）收班前应做好对保洁工具的清洁，将作业工具和设备摆放整齐，不得将扫帚、簸箕等作业工具存放在绿化带中。

3.2.2 河岸保洁内容

1）河道管理红线范围内沿岸的枯枝、树叶、瓜皮、果壳、纸屑、烟蒂等散落物的拾捡，卫生死角杂物、杂草、青苔、积水、积泥等的清理。

2）绿地内的枯枝、树叶、瓜皮、果壳、纸屑、烟蒂等散落物的清扫。

3）建（构）筑物立面、配套设施表面的污迹、乱贴乱挂标语的清理。

4）沿河园路、慢行系统、码头、廊亭设置的介绍牌，提醒引导行人、游客的各类标示牌表面污迹、积尘的清洗。

5）河岸垃圾清扫收集后及时将垃圾分类打包，并统一放在指定位置，由河面保洁班组成员装运至垃圾临时堆放点。

3.2.3 河岸保洁工具

河岸保洁工具有扫帚、环卫夹、簸箕、水桶、抹布等工具。

3.2.4 河岸保洁要求

1）沿河驳坎及护岸表面应干净整洁，无垃圾、污垢，无卫生死角。

2）亲水平台、人行桥、游步道、园路、栈道地面应干净整洁，无垃圾杂物、污迹、青苔、积水、积泥。

3）廊亭、凳椅、小品、雕塑等景观设施表面应干净整洁，无垃圾杂物、污迹、积尘、涂刻张贴。

4）果壳箱、垃圾桶、标示牌、护栏等配套设施表面应干净整洁，无垃圾杂物、污迹、积尘、涂刻张贴。

5）果壳箱和垃圾桶应日产日清，无垃圾满溢。

6）应做好垃圾分类工作，垃圾桶按当地标准设置。

7）管理用房干净整洁，无垃圾杂物、污迹、青苔、积水、积泥、积尘；设施设备摆放有序，实行垃圾分类。

8）其他附属设施表面应干净整洁，无污渍、垃圾和阻水物体。

9）河岸沿线无污水横流、乱堆乱放、乱设广告招牌、流动无照经营等现象，发现违法应及时上报处置。

10）在完成第一遍清扫后，进行巡回保洁（保洁人员应按照当地要求进行清扫）。

11）应及时将河岸垃圾进行分类打包。

3.3　河道垃圾处置及外运

河道垃圾处置及外运是指河道管理红线范围内产生的白色垃圾、水草垃圾、绿化垃圾、建筑垃圾的处置及外运。

3.3.1　一般规定

1）垃圾运输车辆保持车容车貌整洁，车辆表面无污渍，无异味。

2）垃圾运输车辆应停放在不影响其他车辆、行人通行的位置。

3）垃圾装车离开后要保持地面清洁，无垃圾、污水残留。

4）垃圾运输车辆在运输过程中应遮盖，四周扎紧绳扣，防止垃圾撒落。

5）垃圾收集点应做好定期消毒、清理，无污渍、异味。

3.3.2 河道垃圾处置内容

1）河岸保洁人员对河岸垃圾进行清扫收集后将白色垃圾、绿化垃圾（枯枝和落叶）进行分类打包，放置在指定位置。

2）河面保洁人员对河面垃圾进行打捞后将白色垃圾、水草垃圾、绿化垃圾（枯枝和落叶）进行分类打包，并将河岸打包垃圾统一装运至临时堆放点。

3）垃圾收集人员至临时堆放点将打包好的垃圾装车，装车过程中应防止垃圾撒漏。

4）垃圾收集人员至临时堆放点将打包好的垃圾装车，装车过程中应防止垃圾撒漏，垃圾运输车辆垃圾装车离开后要保持地面清洁，无垃圾、污水残留。

3.3.3 河道垃圾处置及外运设备工具

垃圾运输车（装载式垃圾运输车、压缩式垃圾运输车等）、垃圾桶、编织袋等。

3.3.4 河道垃圾处置要求

1）河面保洁人员检查河岸垃圾分类情况，如发现未分类打包的情况，船只一律不得装运，同时联系管理人员，通知河岸保洁员做好垃圾分类工作后装运至临时堆放点。

2）河道垃圾处置应做到日产日清，不得露天堆放过夜。

3）白色垃圾、水草垃圾应统一装车外运至垃圾中转站（垃圾填埋场）。

4）绿化垃圾应统一装车外运至专业绿化回收处理点。

5）建筑垃圾应统一装车外运至消纳场地堆场堆置，再进行现场分类，渣土垃圾可回收利用作为种植土，石块垃圾可选择填埋处置。

6）垃圾装载应防止撒漏，垃圾运输车离开后，地面无污水、垃圾遗留，做到车离地净。

3.4 河道保洁作业规范

1）作业时必须穿戴统一配发的工作服、工号牌。

2）作业时衣着整齐，工作服无污渍、破损、脱线、纽扣缺损，扣全纽扣，不敞衣露怀（河面养护时须着救生衣），不挽袖、卷裤腿（防汛时除外），不穿拖鞋工作。

3）工号牌要求佩戴在左胸前，表面保持干净，避免污渍沾染。

4）在非工作时间，不得穿工作服，凡离开河道作业队伍时，工作服和工号牌一律上交。

5）严禁私自换班，杜绝脱岗，确保班组准时出班作业，准时作息。如遇特殊情况，应与管理人员联系。

6）非作业需要，不得使用作业车辆或船只。

3.5 河道保洁安全、文明作业要求

1）作业人员仪表应当整洁，男作业人员不得留长发、蓄长须。

2）水上作业时应穿着救生衣或救生腰带。

3）作业时间内严禁饮酒及酒后作业。不得边作业边吸烟、吃零食，不得聚堆闲聊、打牌休闲，不得从事与本职无关的其他活动。

4）作业人员自觉做到文明礼仪，文明用语，礼让行人，规范作业，不得与他人、单位发生冲突（打架、斗殴等）。

5）机动保洁船应选用无油污染、低噪声的环保型船舶，船舶设施良好。

6）备用水源河道内使用机动船舶时，必须采用电瓶动力或手划船。

7）保洁船应保持良好的船容船貌，保洁工具应整洁、干净。

8）保洁船应符合海事等主管部门的相关要求。

9）遇台风和雷暴雨等恶劣天气应停止水上作业，并将船只停靠在安全地点。

10）保洁船在行驶过程中，遇到有人在河埠头、亲水平台、游船停靠点等设施进行亲水活动时应减速慢行，确保人员安全。

第4章　河道生态养护

河道生态养护主要是对较完善的水生态系统进行长效养护，保持水体生物多样性，并充分利用生态循环系统的再生、修复等特点实现水生态系统的良性循环。

河道生态养护主要内容有水生植物养护、生态浮岛养护、曝气增氧养护等。

4.1　一般规定

1）日照：大多数水生植物在生长期（4月至10月之间）需要充足的日照，若阳光照射不充足，会发生徒长、叶片小而薄、不开花等现象。

2）用土：除了浮水植物不需要底土外，种植其他种类的水生植物，底土须用田土、池塘淤泥等有机黏质土，在表面覆盖直径1～2cm的粗砂，可防止灌水或振动造成水混浊现象。

3）施肥：以油粕、骨粉的玉肥作为基肥，放四五个玉肥于容器角落即可。追肥宜用化学肥料代替有机肥料，以避免水质污染，用量较一般植物稀释1/10倍。

4）水位：不同生长习性的水生植物，对水的深度要求不一样。浮水植物水位高低应按照茎梗长短调整，使叶浮于水面呈自然舒展状态为佳；沉水植物水要高过植株，使茎叶在水中得到自然伸展；挺水植物由于茎叶挺出水面，水深应保持50～100cm。

5）疏除：若同一水池中混合栽植各类水生植物，应定时疏除繁殖快速的水生植物，以免覆满水面，影响其他沉水植物的生长；浮水植物叶面过大时会互相遮盖，应进行分株。

4.2 水生植物养护

水生植物是构成河流生态系统的基本元素，主要可以分为挺水植物、浮水植物、沉水植物三大类，可以净化水质、削减风浪、美化水面景观、提供水生生物栖息空间等。

4.2.1 挺水植物的养护

挺水植物（图4-1）主要指根、茎扎入泥中生长，上部茎叶挺出水面，通常植株较高大，花色鲜艳，大多有茎和叶的分化，一般常见的有再力花、芦苇、菖蒲、香蒲等。

图4-1 挺水植物

1）挺水植物养护措施。

（1）打理：挺水植物有枯黄、枯死时应及时修剪，有倒伏时应及时扶正或重新种植，及时清理滨岸带挺水植物周围的杂物或垃圾。

（2）除草：除草时不要破坏植被根系，生态浮岛上种植的挺水植物不要破坏浮岛设施，在生长季节，每月至少应除草一次。

（3）删剪：冬至至立春萌动前应对枯萎枝叶进行删剪。

（4）更换：更换挺水植物时将种植篮内的植株连根取出，再用利刀分出一株，重新植入种植篮内，采用海绵将植株根系包裹密实后放入种植篮，植物更换后每周检查一次，如有坏死应及时将根系全部取出并补种同种植物，更换下的植株要及时清除。

（5）修剪：挺水植物，在春、夏季每月修剪一次，去除扩张性植物和死株，并适当删剪过密植株，以维持系统的景观效果。修剪下的残枝要及时清除，防止蚊蝇滋生和影响景观。

2）挺水植物其他养护注意措施。台风、大风、大雨天气及强泄洪后，检查挺水植物的冲毁情况，如有冲毁应及时补植。

4.2.2　浮水植物的养护

浮水植物（图4-2）主要指根或地下茎扎入泥中生长，无地下茎或地上茎柔软不能直立，叶浮于水面，例如睡莲、凤眼莲等。

图4-2　浮水植物

1）浮水植物养护措施。

（1）打理：及时打捞枯黄、枯死植株，及时清除浮水植物上的枯枝落叶。采用人工打捞方法及时去除水面其他漂浮植物。

（2）修剪：对生长扩张出种植网框外的浮水植物，每月应修剪一次；每月应定时打捞一次种植网框内的 1/5 的浮水植物；打捞出的植物残体应及时运走。

（3）补种：对成活率较低、覆盖水面达不到设计要求的需要补植，补植方法同种植方法（将种苗均匀放到水体表面，要做到轻拿轻放，以确保根系完整，叶面完好，种植时植物体切忌重叠、倒置）。

2）浮水植物其他养护注意措施。

（1）冬季霜冻后部分枯死植株及时打捞清理。

（2）台风、大风、大雨天气及强泄洪前后 2～3d 检查浮水植物种植框的稳固情况，固定绳应留有足够的伸缩长度。恶劣天气过后及时检查，如有冲走应及时补种。

4.2.3 沉水植物的养护

沉水植物（图 4-3）指根或地下茎扎入水下泥中生长，上部植株沉于水中的植物。沉水植物的各部分均能吸收水中的养

图 4-3 沉水植物

分，其生长对水质有一定要求。常见的沉水植物有苦草、金鱼藻、菹草等。

1）沉水植物养护措施。

（1）打理：及时打捞枯黄、枯死植株，及时清除沉水植物上的垃圾。

（2）修剪：沉水植物长出水面影响景观时，应进行人工打捞或修剪。

（3）清除：对浮出水面的死株，应及时打捞清除。

（4）补种：对成活率不能达到设计要求的沉水植物，要进行补植，补植方法同设计种植方法。

（5）收割：根据沉水植物种类的不同，一年收割两次，收割时间为枯萎一周内开始收割。

2）沉水植物其他养护注意措施。

台风、大风、大雨天气及强泄洪后，检查沉水植物的冲毁情况，如有冲毁应及时补植。

4.2.4　生态植物病虫害的防治

生态植物病虫害的防治指根据挺水植物、浮水植物、沉水植物的品种、生长习性和地理环境的特点，对水生植物病虫害进行的日常预防和治理。提倡以生物防治、物理防治为主的无公害防治方法，常见的防治方法主要分为水上虫害防治、水下虫害防治、其他病害防治。

1. 水上虫害防治

1）水上虫害常见种类。

刺吸类害虫：蚜虫类、叶螨类、叶蝉类、飞虱类等。

食叶类害虫：叶甲类、象甲类、夜蛾类、螟蛾类、刺蛾类、蝇类、软体动物类等。

2）水上虫害危害特点。害虫造成植物组织破坏，植株生长势衰弱。

3）水上虫害识别方法。

(1) 蚜虫类、叶蝉类、飞虱类：叶片正面或反面有灰白的蜕皮壳。

(2) 潜叶蝇、潜叶蛾、潜叶甲类：植物叶片有食叶害虫取食造成的孔洞、缺刻，叶面有失绿的潜道，有拉丝结网。

(3) 蜗牛、蛞蝓等软体动物类：观察植物叶面上有虫粪，叶片背面有发亮的黏液、干燥膜、黑色分泌物颗粒等。

(4) 叶螨类：观察叶片卷曲，叶片表面结网，叶色有失绿的灰白斑或失绿变灰白，看植株叶片上有害虫分泌的蜜露（发亮的油点)，叶片正面有煤污分布。

4）水上虫害防治方法。

(1) 以虫治虫：食叶害虫成虫期用高压纳米诱虫灯诱杀。

(2) 食叶类害虫：幼虫期喷药防治，如灭幼脲、高渗苯氧威、甲维盐等。

(3) 刺吸类害虫：喷药防治，如苦参碱、蚜虱净、机油乳油、克螨特、哒螨灵、嘧达等。

2. 水下虫害防治

1）水下虫害常见种类。水叶甲（鞘翅目）和潜叶摇蚊(双翅目)。

2）水下虫害危害特点。害虫群集，地下茎节部易遭到损害，致使荷叶发黄。幼虫蛀入浮水植物叶背，潜食叶肉，致全叶腐烂，枯萎。

3）水下虫害识别方法。

(1) 水叶甲：植株生长缓慢，叶片发黄，缺少光泽，大叶明显减少，严重时整株浮出水面。

（2）潜叶摇蚊：浮水植物叶面上布满紫黑色或酱紫色虫斑。

4）水下虫害防治方法。

（1）水叶甲：根施辛硫磷颗粒剂或茶籽饼粉。

（2）潜叶摇蚊：叶面喷施蝇蛆净或灭蝇胺。

3. 其他病害的防治

1）其他常见病害种类。白粉病、炭疽病、锈病、叶斑病、煤污病、病毒病等。

2）识别方法。

（1）白粉病：植株叶片正反面有灰白色的病斑和白色粉状物。

（2）炭疽病：植物病部有呈轮纹状排列的小黑点。

（3）锈病：叶片病部有黄色或褐色粉状物。

（4）煤污病：叶片病部有黑色粉煤层覆盖。

（5）病毒病：植株有花叶、斑驳、矮缩、丛枝等情况。

3）防治方法。

（1）水生植物休眠期：结合清理植株上的枯枝和病叶，喷洒晶体石硫合剂等进行病菌预防控制。

（2）水生植物发病初期：用药防治。

① 黑星病、锈病：如烯唑醇、氟硅唑。

② 白粉病、锈病：氟菌唑、丙环唑。

4.3　生态浮岛养护

生态浮岛又称生物浮岛或生态浮床，利用植物根系提高水体透明度，有效降低有机物、营养盐和重金属等污染物浓度。

生态浮岛是绿化技术与漂浮技术的结合体，从构造上可分为成套商品化浮岛、有框湿式浮岛、无框湿式浮岛和干式浮岛。

养护要点：

1）生态浮岛的养护措施。

（1）检查浮岛有无破损、松散及链接扣是否掉落，及时清理附着在浮岛周围的杂物或垃圾。

（2）浮岛单体因冲击或人为原因受到损坏时，依损坏程度进行修补或更换浮岛单体，同时补种植物。

（3）生态浮岛链接扣破损、掉落或扎带破损，及时更换链接扣或扎带。

（4）因为水位涨落或其他原因而导致浮岛搁浅时，应及时将其推入水中复位。

2）生态浮岛其他养护注意措施。

（1）生态浮岛的破损需要及时更换，避免整个浮床连带损伤。

（2）根据植物的生长特性对植物的病虫害及肥水管护到位，以使景观效果得到长久保持。

（3）台风、大雨、大风天气及泄洪前后2～3d，检查生态浮岛的固定情况，如有脱落应及时固定牢固。

3）生态浮岛水生植物的养护。

（1）生态浮岛水生植物的养护分为生长缓慢期、生长旺盛期、生长枯萎期三部分。

（2）水生植物生长缓慢期的养护主要是根据长势施肥，促进植物生长，预防病虫害。

（3）水生植物生长旺盛期的养护主要是防止病虫害，确保植物的通风透气，合理追肥，增强植物生长势。

（4）水生植物生长枯萎期的养护，大部分的水生植物在浙江地区冬季地上部分会枯萎，冬季就要进行收割，将枯萎的枝叶清除，避免水体的二次污染，同时对水生植物做好防冻工作。

4）生态其他养护注意措施。

（1）生态浮岛的破损需要及时更换，避免整个浮床连带损伤。

（2）根据植物的生长特性对植物的病虫害及肥水管护到位，以使景观效果得到长久保持。

（3）台风、大雨、大风天气及泄洪前后2～3d，检查生态浮岛的固定情况，如有脱落及时固定牢固。

4.4　曝气增氧养护

机械曝气增氧即恢复水体耗氧/复氧平衡、提高水体溶解氧含量，是水环境治理与水生态恢复的主要方法之一。它能快速提高水体溶解氧、氧化水体污染物，还兼具造流、景观、底泥修复和抑藻作用。河道生态治理常用曝气增氧形式主要有射流式、造流式、叶轮式及转刷式等。

1）曝气机养护措施。

（1）每周两次定期检查曝气机及供电线路。

① 观察设备是否正常启动。

② 观察运转是否正常（声音是否正常，水流水花是否正常，有无拥堵现象）。

③ 仔细观察裸露或外置的电器电缆有无破损或异常，出现问题应及时处理。

④ 观察设备的固定有无松动情况。

⑤ 定期检查曝气机的运行状况，检查管线连接处气密性，观察气泡的发生状况是否正常。

⑥ 及时清理曝气机周围漂浮物和垃圾，以免堵塞曝气机进水口，影响其正常工作。

（2）每两月一次检查并校准控制箱内的时间继电器，及时更换电池，确保其保持自动运转控制功能。

（3）曝气机每年（或累计运行2500h）维护保养一次，拆开曝气机主体部分电泵，对所有部件进行清洗，去除水垢和锈斑，检查其完好度，及时整修或更换损坏的零部件。

（4）曝气设备运行时间随河道配水时间变化。

① 夏季：5：00启动，18：30停止，计13小时30分。

② 冬季：6：00启动，17：30停止，计11小时30分。

③ 根据治理河段水质状况、当地要求，适当调整运行时间。

2）曝气机养护其他注意措施。

（1）定期检查曝气机的运行状况，检查管线连接处气密性。

（2）突发污染泄漏事件时，24h开启曝气循环设备。

（3）台风、大风、大雨天气及强泄洪前后，检查曝气增氧机的固定情况，如有脱落应及时固定牢固。

4.5 河道生态养护安全、文明作业要求

1）曝气机电器部分出现故障需立刻停机检修。

2）涉水的维护管理作业应立即停止，以防漏电等安全事故。

3）工作人员操作时必须穿救生衣。

第 5 章　河道常态化清淤

河道常态化清淤是通过使用机械设备清理沉积的淤泥及废弃物、垃圾，改善河道水质，促进河道生态系统健康，保障河道排涝、防洪、通航功能。

5.1　一般规定

1）河道清淤按照当地标准进行整治。

2）河床淤积检查测量应每年进行两次，分为汛前、汛后检查，检查时宜将水位降到最低。

5.2　河道常态化清淤内容

1）清除河床内的阻水障碍物（如沉船、块石、木桩、施工遗留围堰等）、淤泥及废弃物、垃圾等。

2）定期疏浚，保证行洪排涝畅通。

5.3　河道常态化清淤设备工具

清淤船、淤泥运输船、蓄浆船、固液分离离心机、泥泵、水泵。

5.4 河道常态化清淤要求

依据《中华人民共和国防洪法》《水利工程质量检验评定标准》和当地省市河道管理条例、当地省市城市河道建设和管理条例、当地省市市区城市河道管理养护技术要求及当地省市现行的有关技术标准，对管理范围内的河道进行常态化清淤。

1）河床淤积不得影响河道行洪排涝功能和排水管道的排水。

2）河床淤积平均厚度大于设计河床标高 0.5m 的河段应进行疏浚。

3）河床疏浚应符合当地管理标准及要求。

4）人工铺底或抛石的河床，应疏挖至河床护底顶部设计标高。

5.5 河道常态化清淤措施

1）根据原河道施工竣工图，核对河道标高及周边环境的相对位置。

2）在现场实地进行河道初步底泥查看，通过测量确定河床的形状及特征。

3）进行底泥采样，分析是否超过环境质量标准及影响通航、防洪、排涝等功能。

4）根据水深、流速、河床渗水性、河床土质等情况考虑是否设置围堰，其中土围堰、土袋围堰是河道常态化清淤常用的围堰类型。

5）根据淤积的数量、范围、底泥的性质和周围的条件确定包含清淤、运输、淤泥处置和后序产生的水处理等主要工程环节的工艺方案。

6）因地制宜地选择清淤技术和施工装备。

7）妥善处理处置清淤产生的淤泥并防止二次污染的发生。

5.5.1 围堰施工措施

1）围堰施工流程。

（1）测量放样；

（2）清除河床的堰底处淤泥杂物；

（3）堆砌装土竹笼或草袋，迎水面铺太阳布；

（4）黏土填芯，往太阳布上铺一层编织袋装砂；

（5）排水；

（6）施工堰内进行河道清理；

（7）围堰拆除。

2）围堰类型及适用条件。详见表5-1。

表5-1 围堰类型及适用条件

围堰类型		适用条件
土石围堰	土围堰	水深≤1.5m，流速≤0.5m/s，河边浅滩，河床渗水性较小
	土袋围堰	水深≤3.0m，流速≤1.5m/s，河床渗水性较小或淤泥较浅

续表

围堰类型		适用条件
土石围堰	木桩竹条土围堰	水深1.5～7m，流速≤2.0m/s，河床渗水性较小，能打桩，盛产竹木地区
	竹篱土围堰	水深1.5～7m，流速≤2.0m/s，河床渗水性较小，能打桩，盛产竹木地区
	竹、铁丝笼围堰	水深4m以内，河床难以打桩，流速较大
	堆石土围堰	河床渗水性很小，流速≤3.0m/s，石块能就地取材
板桩围堰	钢板桩围堰	深水或深基坑，流速较大的砂类土、黏性土、碎石土及风化岩等坚硬河床。防水性能好，整体刚度较强
	钢筋混凝土板桩围堰	深水或深基坑，流速较大的砂类土、黏性土、碎石土河床。除用于挡水防水外还可作为基础结构的一部分，亦可采取拔除周转使用，能节约大量木材
钢套筒围堰		流速≤2.0m/s，覆盖层较薄，平坦的岩石河床，埋置不深的水中基础
双壁围堰		大型河流的深水基础，覆盖层较薄、平坦的岩石河床

(1) 土围堰施工注意事项。

① 筑堰前，清除筑堰部位河床之上的杂物、石块及树根等。

② 堰顶宽度可为1～2m。机械挖基时不宜小于3m。堰外边坡应水流一侧坡度宜为1∶2～1∶3，背水流一侧可在1∶2之内。堰内边坡宜为1∶1～1∶1.5。内坡脚与基坑边的距离不得小于1m。

③ 筑堰材料宜用黏性土、粉质黏土或砂质黏土，填出水面之后应进行夯实。

④ 填土自上游开始至下游合拢。

(2) 土袋围堰施工注意事项。

① 筑堰前，堰底河床的处理、内坡脚与基坑的距离、堰顶宽度与土围堰相同。

② 围堰两侧用草袋、麻袋、玻璃纤维袋或无纺布袋装土堆码，袋中宜装不渗水的黏性土，装土量为土袋容量的1/2～2/3。袋口缝合，堰外边坡为1：0.5～1：1，堰内边坡为1：0.2～1：0.5。

③ 围堰中心部分可填筑黏土及黏性土芯墙。

④ 堆码土袋，自上游开始至下游合拢，上下层和内外层的土袋均相互错缝，尽量堆码密实、平稳。

3) 排水作业。

(1) 水泵布置在围堰内坡脚侧的集水坑和临时集水坑中(根据施工的需要水泵安装位置可适时调整)。

(2) 基坑排水，估算抽水过程中围堰和基础渗水量、堰身和基坑覆盖层含水量及可能降雨量，排水时间按基坑边坡的水位允许下降速度进行控制。

(3) 对基坑上游面，首先将两台离心泵安装在上游围堰后面的集水坑中，将基坑大面积水排出。

(4) 进行覆盖层的开挖。覆盖层清除后，围堰内侧平台设置一截水槽，阻断外侧渗水流入滩地，同时在截水槽内侧设置一个集水坑，将阻断的渗水汇聚到集水坑中。

5.5.2 河道清淤施工措施

河道清淤施工主要分为排干清淤和水下清淤两类。

1. 排干清淤

在防洪、排涝比较差、水流量较小且不具备通航条件的河道，排干清淤可以通过在河道施工段构筑临时围堰，将河道水排干后进行干挖清理或者水力冲挖，同时清理清淤中碰到的大型、复杂垃圾。其施工状况较为直观，清淤效果比较彻底，但由于要排干河道中的水，增加了临时围堰施工的成本，且只能在非汛期进行施工，易受天气影响，对河道边坡和生态环境有一定影响。

排干清淤分为直接干挖清淤和水力冲挖清淤。

1）直接干挖清淤。干挖清淤彻底，河床清淤质量易于保证，对设备、技术要求不高，清理的淤泥含水率低，方便后续处理。

(1) 施工作业区域根据表 5-1 选择合适的围堰施工及排水作业。

(2) 采用挖掘机对河道进行河床开挖，直至清理到河道清淤的标准。

(3) 将挖出的淤泥直接由渣土车外运或者放置于岸上的临时堆放点。倘若河道有一定宽度，施工区域和堆积淤泥堆放点之间有一定距离，应设中转设备将淤泥转运到岸上的淤泥堆积场。

(4) 清理出来的淤泥、垃圾装车外运。

(5) 恢复河道正常使用。

2）水力冲挖清淤。水力冲挖清淤使用的器具简单，输送方便，施工成本低，但施工形成的泥浆浓度低，不方便后续处理，施工环境也比较恶劣。

(1) 采用围堰作业，将作业区进行围堰处理。

(2) 在围堰范围内的水进行排水作业。

(3) 采用水力冲挖机组的高压水枪冲刷底泥，将底泥扰动成泥浆，流动的泥浆汇集到事先设置好的低洼区。

（4）由泥泵吸取、管道输送，将泥浆输送至岸上的堆积场或集浆池内。

（5）清理出来的淤泥、垃圾装车外运。

（6）恢复河道正常使用。

2. 水下清淤

水下清淤是将清淤设备安装在船上，由清淤船作为施工平台在水面上操作清淤设备，进行淤泥开挖，通常适用于通航河道。通过管道输送系统将淤泥输送到岸上的堆积场地。水下清淤主要分为抓斗式清淤、泵吸式清淤、绞吸式清淤、斗轮式清淤四类。

1）抓斗式清淤。抓斗式清淤适用于开挖泥层厚度大、施工区域内障碍物多的河道，具有操作灵活机动，不受河道内垃圾、石块等障碍物影响的特点，适合开挖较硬土方或夹带较多杂质垃圾的土方，且施工工艺简单，设备容易组织，施工过程不受天气影响。但抓斗式挖泥船对极松软的底泥敏感度差，开挖中容易产生掏挖河床下部较硬的地层土方，从而遗留大量表层底泥，易产生浮泥遗漏、扰动底泥，清淤效果不佳。

（1）利用抓斗式挖泥船开挖河底淤泥和沉底垃圾，通过抓斗式挖泥船前臂抓斗伸入河底。

（2）利用油压驱动抓斗伸入底泥并闭斗抓取水下淤泥和沉底垃圾。

（3）提升回旋并开启抓斗，将抓取的淤泥直接卸入靠泊在挖泥船舷旁的驳泥船中。

（4）开挖、回旋、卸泥，如此循环作业。

（5）清理出来的淤泥通过驳泥船运输至淤泥堆积场。

（6）从驳泥船上卸淤泥仍然需要使用岸边抓斗，将驳船上的淤泥移至岸上的淤泥堆积场中。

2）泵吸式清淤。泵吸式清淤适用于泥层厚度较小的河道，泵吸式清淤的装备相对简单，可以配备中小型的船只和设备。一般情况下容易将大量河水吸出，造成后续泥浆处理工作量的增加，容易造成吸泥口堵塞。

（1）泵吸式清淤将水力冲挖的水枪和吸泥泵同时装在一个圆筒状罩子里，由水枪喷射出水将底泥搅动成泥浆。

（2）通过另一侧的泥浆泵将泥浆吸入，再经管道送至岸上的淤泥堆积场。

（3）整套机具设备都装备在船只上，一边移动一边清除。

另一种泵吸法：

（1）利用压缩空气为动力进行吸入排出淤泥的方法，将圆筒状下端有开口泵筒的一侧在重力作用下沉入水底，陷入河床底泥。

（2）在泵筒内施加负压，软泥在水的静压和泵筒的真空负压下被吸入泵筒。

（3）通过压缩空气将筒内淤泥压入排泥管，淤泥经过排泥阀、输泥管最终输送至运泥船上或岸上的淤泥堆积场。

3）绞吸式清淤。绞吸式清淤适用于泥层厚度大的河道。绞吸式清淤是一个挖、运、吹一体化施工的过程，采用全封闭管道输泥，不会产生泥浆散落或泄漏。在清淤过程中不会对河道通航产生影响，施工不受天气影响，同时采用GPS和回声探测仪进行施工控制，可提高施工精度。绞吸式清淤由于采用螺旋切片绞刀进行开放式开挖，容易造成底泥中污染物的扩散，同时也会出现较为严重的回淤现象。

（1）绞吸式清淤通过绞吸式挖泥船配备浮体、绞刀、上吸管、下吸管泵、动力系统等组成进行作业。清淤船上通过模拟动画，可直观地观察清淤设备的挖掘轨迹，通过高程控制挖深指示仪和回声测深仪，精确定位绞刀深度和挖掘精确度。

(2) 利用装在船前的前缘绞刀的旋转运动，将河床底泥进行切割和搅动，并进行泥水混合，形成泥浆。

(3) 利用船上离心泵产生的吸入真空，使泥浆沿着吸泥管进入泥泵吸入端，经全封闭管道输送（排距超出挖泥船额定排距后，中途串接接力泵船加压输送）至指定淤泥堆积场。

4) 斗轮式清淤。斗轮式清淤比较适合开挖泥层厚、工程量大的河道，是工程清淤常用的方法。利用装在斗轮式挖泥船上的专用斗轮挖掘机开挖水下淤泥，开挖后的淤泥被挖泥船上的大功率泥泵吸入并进入输泥管道，经全封闭管道输送至指定淤泥堆积场。清淤过程不会对河道通航产生影响，施工不受天气影响，且施工精度较高。斗轮式清淤在清淤工程中会产生大量污染物扩散，逃淤、回淤情况严重，淤泥清除率在50%左右，清淤不够彻底，容易造成大面积水体污染。

(1) 利用装在斗轮式挖泥船上的专用斗轮挖掘机开挖水下淤泥。

(2) 清淤船上通过模拟动画，可直观地观察清淤设备的挖掘轨迹；通过高程控制挖深指示仪和回声测深仪，精确定位绞刀深度和挖掘精确度。

(3) 开挖后的淤泥被挖泥船上的大功率泥泵吸入并进入输泥管道，经全封闭管道输送至指定淤泥堆积场。

3. 淤泥处置

淤泥处置是根据淤泥成分利用渣土运输车采取车内垫防水布及半包围式运输，运送至淤泥堆积场，或利用泥浆槽罐车运送到指定点。根据有无污染进行无污染淤泥与污染淤泥的处理。

1）堆积场处理与就地处理。

堆场处理：将淤泥清淤出来后，输送到指定的淤泥堆积场进行处理。

就地处理：直接在水下对底泥进行覆盖处理或者先排干上覆水体，然后进行脱水、固化或物理淋洗处理。

2）资源化利用与常规处置。淤泥从本质上来讲属于工程废弃物，按照固体废弃物处理的减量化、无害化、资源化原则，应尽可能对淤泥考虑资源化利用。当淤泥中含有的污染无法降解时，应采用措施降低其污染后进行安全填埋，并需相应做好填埋场的防渗设置。

5.6　河道常态化清淤的安全、文明作业要求

1. 安全作业要求

1）施工前要准备好安全牌、安全禁令牌、施工牌，以及各管理物品、工具、消防用具有序放置。

2）在清淤过程中，防止扰动和扩散，不造成水体的二次污染，降低水体的混浊度，控制施工机械的噪声，不干扰居民正常生活。

3）淤泥堆弃场要远离居民区，防止途中运输产生二次污染。

2. 文明作业要求

1）河道清淤施工中做好日常清洁工作，淤泥按指定地点弃放，不污染堆泥场的环境。

2）运输渣土过程中采取有效的措施，防止出现“滴、洒、漏”现象。

3）河道清淤中尽量避免扰民时间段。

4）渣土泥浆运输车走制定路线，篷布覆盖，车厢封闭。

第6章　河道设施养护与维修

河道管理范围内的驳岸设施、园路及慢行系统、景观休闲设施、检测监控设施、引配水设施、环卫设施、导向标志、信息标志、安全设施等遭受自然和人为各种因素的影响，其功能逐渐退化而呈病害状态，需要通过机械设备清理或机械设备配合人工进行日常养护。

日常养护与维修既是防患于未然，又是使已破损的涉河设施不致恶化，根据发现的问题而进行的日常保养和局部维修，以便保持涉河设施的完整和正常运行。

6.1　一般规定

1）作业现场设置围栏，妥善设置安全标志。安全标志醒目（夜间反光）、符合规范，作业现场材料堆放整齐。

2）作业机械操作人员经过专业培训合格，取得相关部门的操作证或驾驶证，特种作业人员必须持证上岗。

3）作业时应注意文明礼仪，使用文明用语，礼让行人，不得饮酒、带病作业，不得从事与本职无关的其他活动。

4）遇到恶劣天气，禁止室外作业，做好各项安全防护措施。

5）在高边坡、高处进行作业时必须佩戴安全防护用品

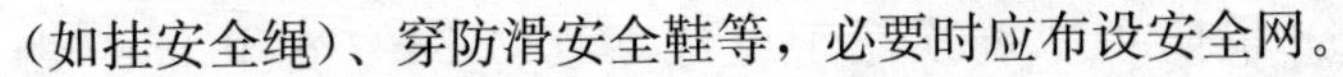
（如挂安全绳）、穿防滑安全鞋等，必要时应布设安全网。

6）水上作业时应穿救生衣、戴救生绳等。

6.2　驳岸（护岸）设施养护与维修

驳岸（护岸）设施是为防止水流冲刷引起塌岸及保持河岸稳定而建设的挡土护土建筑物，是一种具有保护堤防与岸线的安全、控制河势变化、营造河道两岸自然景观的工程措施，主要包括驳坎挡墙、护坡、围护桩等。

驳岸（护岸）设施养护与维修主要是通过人工或机械设备配合作业对有损坏的驳坎挡墙、生态护坡、围护桩、河埠头、清水平台、码头、河床等进行修复养护工作。

6.2.1　驳坎挡墙养护与维修

驳坎挡墙主要是指为保护河岸、边坡而修筑的石料砌筑物，起到稳定土石边坡、挡土的作用。

驳坎挡墙养护与维修主要是通过人工或机械设备配合人工对有损坏的块石护坡、混凝土块体护坡进行修复和养护。

1. 驳坎挡墙养护与维修内容

1）块石挡墙顶部出现松动、破损、混凝土破损、塌陷、垫层架空的维修。

2）浆砌块石、灌砌块石裂缝的修复。

3）混凝土挡墙压顶出现破损、塌陷时的维修。

4）混凝土压顶裂缝的修复。

5）混凝土结构微细表面龟裂缝、浅层缝、机械破坏或者钢筋混凝土保护层受到侵蚀损坏的维修。

6）堤防护岸墙顶低于设计高程 0.2m（含 0.2m）的维修。

7）墙体泄水孔堵塞时的疏通。

8）墙体伸缩缝填料老化、脱落、流失的填充或更换。

9）止水设施损坏时的修复或更换。

10）变形缝内填料流失的填补，浆砌石灰缝脱落的修补。

11）河岸局部发生侵蚀剥落或破碎的修复，破碎面较大且垫层冲刷砌体架空时进行的临时性处理。

2. 驳坎挡墙养护与维修要求

1）墙顶应保持完好、压顶无杂物、杂草、块石或混凝土应整齐无松动、隆起、破损、塌陷、裂缝，变形缝内填料无流失，止水设施应完整无损。

2）墙面应保持平顺、表面平整清洁，块石或混凝土应整齐无松动、隆起、破损，无脱落、架空，变形缝内填料无流失，砂浆勾缝应饱满，排水孔未堵塞，墙身无渗漏、倾斜、露筋、裂缝、滑移。

3）墙基砂浆勾缝应饱满，无松动、隆起、破损、塌陷、架空、露筋、裂缝，变形缝内填料无流失、冒水、冒沙现象。

3. 驳坎挡墙养护与维修措施

1）护岸局部塌陷或垫层被掏空，应先翻出块石，恢复土体和垫层，再将块石嵌砌紧密。

2）块石挡墙顶部出现松动、破损、混凝土破损、塌陷、垫层架空现象的，应先翻出块石，清理松软部分，采用无风化、坚硬的好石材。将石材先湿润，底部坐满砂浆。铺砌块石应嵌砌紧密，块石缝隙用砂浆填满，表面砂浆勾缝应饱满。砌筑时，上、下两层块石应错缝砌筑，内外块石应交错连接成一整体，角石、面石和帮衬互相锁合，严禁采用中心填石的砌筑方法，块石无空洞、通缝、严重面浆，垫头牢固。修补后洒水养护最少7d。

3）浆砌块石、灌砌块石结构裂缝小于5cm时，可修凿正面侧的面石，用M10水泥砂浆填实缝隙，并按原勾缝形式修复。

4）浆砌块石、灌砌块石结构裂缝大于5cm时，可修凿正面侧的面石，用C20细石混凝土填实缝隙，并按原勾缝形式修复。

5）混凝土挡墙压顶破损、塌陷时应先清理破损混凝土，清理松软部分，浇筑混凝土前应洒少量水使接触面湿润，按设计标准浇筑混凝土、找平表面，并采取适当的养护措施。

6）混凝土压顶，裂缝宽度大于2mm，将缝凿成V字形，并清渣洗净，采用1∶2水泥砂浆填实，表面抹光。

7）混凝土结构表面微细龟裂缝、浅层缝、机械破坏或者钢筋混凝土保护层受到侵蚀损坏时，可采用聚合物等材料涂刷封闭或砂浆抹面等措施处理，裂缝处理应在低温时进行。

8）混凝土缺损面积不大时，应采用C25细石混凝土及时修补完整；亦可用环氧树脂或聚合物修补。

9）钢筋混凝土局部钢筋腐蚀严重时，需将混凝土凿除，更换钢筋，按原设计混凝土强度等级重新浇筑。

10）堤防护岸墙顶低于设计高程0.2m（含0.2m），经鉴定结构趋于稳定，应及时加高墙顶。施工时须将原墙顶面凿毛，清渣洗净，采用细石混凝土（或适合块石）加高到原设计高程，其混凝土强度等级和墙身宽度符合原设计标准。

11）墙体泄水孔堵塞应及时疏通，保持畅通。

12）墙体伸缩缝填料老化、脱落、流失时，应及时填充或更换。止水设施损坏时，应重新埋设止水予以修复或采用柔性材料修补。

13）变形缝内填料流失应及时按原设计要求填补，填补前缝内杂物清除干净。

14）浆砌石的灰缝脱落应及时修补，修补时应将缝口剔清刷净，修补后洒水养护。

6.2.2 护坡养护与维修

河道护坡主要是指为防止边坡受冲刷，在坡面上所做的各种铺砌和栽植的统称。常见的河道护坡有生态护坡、圬工护坡、土堤等。

护坡养护与维修主要是通过人工或机械设备配合人工对有病害的生态（草皮）护坡、网格生态护坡（砖、石、混凝土砌块、现浇混凝土等材料形成网格，在网格中栽植植物等）、圬工护坡进行修复。

1. 护坡养护与维修内容

1）护肩（坝顶）出现塌陷、不平整时的修复。

2）生态（草皮）护坡坡面出现雨淋沟、浪窝、塌陷时的补种、修复。

3）圬工护坡坡面发生裂缝、损坏、塌陷时的维修。

4）护坡坡脚处出现凹陷、冲刷悬空时的维修。

5）土堤遭受白蚁、兽畜危害时的防治，出现蚁穴、兽洞的修复。

2. 护坡养护与维修要求

1）生态护坡坡顶应保持平顺，无黄土裸露，植物生长正常，土体无流失，无雨淋沟、裂缝、塌陷、蚁穴、兽洞，生态袋无破损。

2）生态护坡坡脚无冲刷掏空，圬工护坡坡脚无松动、隆起、破损、冲刷掏空。

3）圬工护坡坡顶铺砌完好，无破损、隆起、塌陷、裂缝。

4）土堤无蚁穴、兽洞。

3. 护坡养护与维修措施

1）护肩（坝顶）出现塌陷、不平整时，先挖除病害部分，按原设计标准填土分层夯实、平整。复修后应平坦、顺直与坡面结合严密，宽度、高程达到原设计标准。

2）护坡为混凝土网格时，混凝土网格破损应采用水泥砂浆抹补，并填平混凝土网格与土基结合部，应及时对网格内河岸草皮进行补植、清除杂草，适时浇水。

3）生态（草皮）护坡坡面出现雨淋沟、浪窝、塌陷时，应挖除病害部分，按原设计标准分层填补夯实，坡面的草皮及植物局部缺损、缺失应及时按原标准补种、修复。

4）圬工护坡坡面发生裂缝、损坏、塌陷时应先拆除坡面损坏部分的砌体（清理混凝土松散部分），清理冲毁的垫层虚土、淤积土至自然土体坚硬部分，整理平整土基并与周围保持一定坡度，选取黏性土或两合土分层回填夯实至原土体坡面并略有预留。铺设垫层至原厚度，复砌或浇筑混凝土（喷浆）并与原坡面平顺连接。

5）护坡坡脚处出现凹陷、冲刷悬空时，应抛石或做石笼护基恢复基础稳定，或对基础上松动、脱落的石块复砌加固达到基础原有的宽度、平整度和高程。

6）土堤遭受白蚁危害时，应采用毒杀的方法防治；土堤遭受兽畜危害时应采用诱捕、驱赶等方法防治；土堤上的蚁穴、兽洞可采用灌浆或者开挖回填等方法处理。

6.2.3 维（围）护桩养护与维修

河道的维（围）护桩主要是保护驳坎，防止滑坡，防止水土流失，也常用于河道围堰施工保护基坑内施工安全，同时维护桩也有止水的效果。常见的维（围）护桩有松木桩、仿木桩等。

维（围）护桩养护与维修主要是通过人工或机械设备配合人对损坏的松木桩、仿木桩进行修复或更换。

1. 维（围）护桩养护与维修内容

1）维（围）护桩出现倾斜、滑移、松动时的维修。

2）维（围）护桩腐蚀、缺失时的更换。

2. 维（围）护桩养护与维修要求

维（围）护桩应垂直，无滑移、倾斜、缺失、松动、腐蚀（松木桩）。

3. 维（围）护桩养护与维修措施

1）维（围）护桩出现倾斜、滑移、松动时，扶正桩体并联成排固定，保证坡脚稳定。

2）维（围）护桩腐蚀时拆除损坏、腐烂部分，制作木桩，基坑挖土，压桩施工，桩体连成排固定，达到原设计标准。

6.2.4 河埠头、亲水平台、码头等养护与维修

河埠头通常是指在河岸口，供人们取水、洗涤、贸易、休闲与娱乐，同时供船只商贸运输往来的有台阶的水工建筑物。

亲水平台是指高于水面、供人们戏水玩耍的一个平台，通常是从陆地延伸到水面上的平台。

码头通常是指供船舶停靠、装卸货物和上下旅客的水工建筑物。

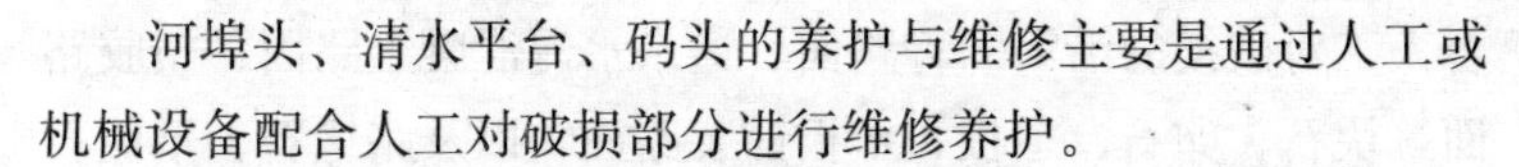

河埠头、清水平台、码头的养护与维修主要是通过人工或机械设备配合人工对破损部分进行维修养护。

1. 河埠头、亲水平台、码头等养护与维修内容

1）河埠头、亲水平台、码头等各类上岸平台的基础松动、掏空时的维修。

2）块石结构破损、缺失、裂缝的维修。

3）混凝土结构表面破损、缺失、裂缝时的维修。

2. 河埠头、亲水平台、码头等养护与维修要求

1）各类上岸平台应基础稳固、无掏空，表面无破损、松动、裂缝，且表面具备抗滑能力。

2）每年应进行一次全面检查，检查时需最大限度地降低水位。

3. 河埠头、亲水平台、码头等养护与维修措施

1）上岸平台基础松动、掏空时应拆除松动部分，按原设计材料复砌或浇筑混凝土达到原设计标准。

2）平台表面出现裂缝时可采用聚合物等材料涂刷封闭、砂浆抹面等措施处理，裂缝处理宜在低温时进行。

3）平台表面块石缺失应按原标准复砌，砂浆勾缝处理。

4）平台表面混凝土结构破损、缺失时应挖除破损部分、清理基坑、少量洒水，按原设计要求重新浇筑混凝土并养护。

6.3　园路及慢行系统养护与维修

园路及慢行系统主要是指沿河以休闲、健身为主，兼顾城市交通功能的连续性的道路。

园路及慢行系统养护与维修主要是通过人工或机械设备配

合人工对破损的沿河沥青路面、透水水泥混凝土路面、塑胶路面，块石、卵石、道板、木板铺装路面，以及路缘石、平侧石进行修复。

6.3.1 沥青路面维修

沥青路面是路面材料中掺入路用沥青材料铺筑的各种类型的路面，使路面平整少尘、经久耐用。因此，沥青路面是道路建设中一种被最广泛采用的高级路面，近几年来也常用于河道园路中。

沥青路面维修主要是通过人工或机械设备配合人工对形成的病害进行维修和养护。

1. 沥青路面养护与维修内容

沥青路面出现裂缝、拥包、沉陷、剥落、坑槽、啃边、路框差、唧浆、泛油等病害的维修。

2. 沥青路面养护与维修要求

1）沥青路面应无裂缝、拥包、沉陷、剥落、坑槽、啃边、路框差、唧浆、泛油，保证平整度及抗滑能力。

2）沥青路面的养护与维修宜采用专用机械及相应的快速维修方法进行维修。

3）沥青路面养护与维修材料及使用应符合现行行业标准《城市道路工程施工与质量验收规范》（CJJ 1）的规定，不得采用水泥混凝土进行修补。

4）沥青路面铣刨、挖除的旧料应再生利用。刨除的废旧沥青混合料应进行专门回收利用，再生沥青混合料的运输、施工和质量控制等技术要求应符合现行行业标准《城镇道路沥青路面再生利用技术规程》（CJJ/T 43）的规定。

3. 沥青路面养护与维修措施

1）裂缝的维修。

（1）缝宽在10mm及以内的，采用专用灌缝（封缝）材料或热沥青灌缝，缝内潮湿时应采用乳化沥青灌缝；

（2）缝宽在10mm以上时，按本节坑槽的维修方法进行修补。

2）拥包的维修。

（1）当拥包峰谷高差不大于15m时，采用机械铣刨平整；

（2）当拥包峰谷高差大于15mm且面积大于2m^{2}时，采用铣刨机将拥包全部除去，并应低于路表面30mm及以上，清扫干净后应按本节坑槽的维修措施进行作业；

（3）基础变形形成的拥包，更换已变形的基层，再重铺面层。

3）沉陷的维修。

（1）当土基和基层已经密实稳定后，可只修补面层；

（2）当土基或基层被破坏时，先处理土基，再修补基层，重铺面层。

4）剥落的维修。

（1）松散状态的面层，应将松散部分全部挖除，重铺面层，或按0.8～1.0kg/m^{2}的用量喷洒沥青，撒布石屑或粗砂进行处治。

（2）沥青面层因不贫油出现的轻微麻面，可在高温季节撒布适当的沥青嵌缝料处治。

（3）大面积麻面应喷洒沥青，并应撒布适当粒径的嵌缝料处治，或重设面层；封层的脱皮，应清除已脱落和松动的部分，再重新做上封层。

（4）沥青面层层间产生脱皮，应将脱落及松动部分清除，在下层沥青面上涂刷粘层油，并重铺沥青层。

5）坑槽的维修。

（1）坑槽深度已达基层，应先处治基层，再修复面层。

（2）修补的坑槽应为顺路方向切割成矩形，坑槽四壁不得松动，加热坑槽四壁，涂刷粘层油，铺筑混合料，压实成型，封缝，开放交通。槽深大于50mm时分层摊铺压实。

（3）在应急情况下，可采用沥青冷补材料处治。

（4）当采用就地热再生修补方法时，应先沿加热边线退回100mm，翻松被加热面层，喷洒乳化沥青，加入新的沥青混合料，整平压实。

6）啃边的维修。

（1）将破损的沥青面层挖除。

（2）接槎处涂刷黏结沥青。

（3）恢复面层。

7）路框差的维修。

（1）当井座基础底板强度不足或井顶砖块碎裂散失造成路框差时，宜更换安装改良型卸载大盖板；

（2）当井座周边路面下陷造成路框差时，应修补周边路面。

8）唧浆的维修。

（1）采用注浆固化的方法对病害内部进行处理，或进行局部翻建改造处理。

（2）对原路面中央分隔带、路肩、路基边坡、边沟及相应排水设施进行排查，消除积水隐患。

9）泛油的维修。

（1）泛油轻微的路段，可撒3～5mm粒径的石屑或粗砂处治。

(2) 泛油较重的路段，可先撒5～10mm粒径的石屑并采用压路机碾压。待稳定后，撒3～5mm粒径的石屑或粗砂处治。

(3) 泛油路段，也可将面层铣刨清除后，重铺面层。

6.3.2　水泥混凝土路面养护与维修

水泥混凝土路面是指以水泥混凝土为主要材料做面层的路面，简称混凝土路面，亦称刚性路面，俗称白色路面。它是一种高级路面，在河道园路中被广泛使用。

水泥混凝土路面维修主要是通过人工或机械设备配合人工对形成的病害进行修复和养护。

1. 水泥混凝土路面养护与维修内容

水泥混凝土路面出现裂缝、板边剥落、填缝料的损坏、坑洞、错台、相邻路面板板拱、板面脱空、唧浆、板面沉陷等病害时的维修。

2. 水泥混凝土路面养护与维修要求

1) 水凝混凝土路面应平顺，无裂缝，无板边剥落，填缝料无损坏，无坑洞，无错台，相邻路面板无板拱，板面无脱空，无唧浆，板面无沉陷。

2) 水泥混凝土路面养护与维修材料，应满足强度、耐久性和稳定性要求，主要材料应进行检验。

3) 水泥混凝土路面的养护质量应符合《城市道路养护技术规范》(CJJ 36—2016) 的规定。

4) 填缝料的质量应符合现行行业标准的规定，填缝料的更换周期应为2～3年，宜选在春、秋两季，或在当地年气温居中且较干燥的季节进行，清缝、灌缝宜使用专用机具，更换后的填缝料应与面板黏结牢固。

3. 水泥混凝土路面养护与维修措施

1）接缝的养护与维修。

（1）填缝料凸出板面时要及时处理，超过 3mm 时要铲平。

（2）清除外溢流淌到面板的填缝料。

（3）填缝料局部脱落、缺损时应进行灌缝填补，脱落、缺损长度大于 1/3 缝长时进行整条接缝的更换。

（4）接缝处因传力杆设置不当所引起的损坏，应将原力杆纠正到正确位置。

（5）对伸缩缝修理时，先将热沥青涂刷在缝壁，再将接缝板压入缝内。对接缝板接头及接缝板与传力杆之间的间隙必须采用沥青或其他接缝料填实抹平，上部采用嵌缝条的接缝板应及时嵌入嵌缝条。

（6）在低温季节或缝内潮湿时将接缝烘干。

（7）纵向接缝张开宽度在 10mm 及以下时，宜采用加热式填缝料。

（8）纵向接缝张开宽度在 10～15mm 以上时，宜采用聚氨酯类填缝料常温施工。当纵向按缝张开宽度超过 15mm 时，可采用沥青砂填缝。

（9）当接缝出现碎裂时，应先扩缝补块，再做接缝处理。

2）水泥混凝土路面裂缝维修。

（1）路面板出现小于 3mm 的轻微裂缝时，可采用直接灌浆方法处治。对大于或等于 3mm 且小于 15mm 贯穿板厚的中等裂缝，可采取扩缝补块的方法处治。

（2）对大于或等于 15mm 的严重裂缝，可采用挖补方法全深度补块。

（3）扩缝补块的最小宽度不得小于 100mm。

（4）采用挖补方法全深度补块时，基层强度应符合要求。

3）板边和板角修补。

（1）板角断裂应按破裂面确定切割范围。在后补的混凝土上，对应原板块纵横处切开。

（2）凿除破损部分时，应保留原有钢筋，新旧板面间应涂刷界面剂。

（3）与原有路面板的接缝面，应涂刷沥青，如为胀缝，应设置接缝板。

（4）当混凝土养护达到设计强度后，方可通行。

4）接缝的维修。

（1）对接缝处因传力杆设置不当所引起的损坏，将原传力杆纠正到正确位置。

（2）在胀缝修理时，先将热沥青涂刷在缝壁，再将胀缝板压入缝内；对胀缝板接头及胀缝板与传力杆之间的间隙，采用沥青或其他胀缝料抹平，上部采用嵌缝条的胀缝板应及时嵌入嵌缝条。

（3）在低温季节或缝内潮湿时应将接缝烘干。

（4）纵向接缝张开宽度在10mm及以下时，采用加热式填缝料。

（5）纵向接缝张开宽度在10mm以上时，采用聚氨酯类填缝料常温施工。

（6）接缝出现碎裂时，应先扩缝补块，再做接缝处理。

5）坑洞的补修。

（1）深度小于30mm且数量较多的浅坑，或成片的坑洞，可采用适宜材料修补。

（2）深度大于或等于30mm的坑槽，应先做局部凿除，再补修面层。

6）错台的维修。

(1) 高差大于20mm的错台，应采用适当材料修补，且接顺的坡度不得大于1%。

(2) 修补时将下沉板凿成20～50mm深的槽，并涂刷界面剂。

7）面板沉陷的维修。

(1) 采用面板顶升，顶升值应经测量计算确定。

(2) 原板复位后，按板下脱空进行处治。

(3) 面板整板沉陷并发生碎裂，应采取整板翻修。

(4) 当沉陷处经常积水时，可在适当位置增设雨水口。

8）相邻路面板板端拱起的维修。

(1) 应根据拱起的高度，将拱起板两侧横缝切宽，释放应力，使板逐渐恢复原位。

(2) 修复后应再检查此段路面的伸缝，如有损坏，应按接缝的维修方法处理。

9）坑洞的补修。

(1) 深度小于30mm且数量较多的浅坑，或成片的坑洞，可采用适宜材料修补。

(2) 深度大于或等于30mm的坑槽，先做局部凿除，再补修面层。

6.3.3 塑胶路面养护与维修

塑胶路面由聚氨酯橡胶等材料组成，具有平整度好、抗压强度高、硬度弹性适当、物理性能稳定的特性，有一定的抗紫外线和耐老化能力，越来越多的城市河道园路为了满足市民户外运动的需求，会选择塑胶路面。

塑胶路面维修主要是通过人工或机械设备配合人工对形成

的病害进行修复和养护。

1. 塑胶路面养护与维修内容

塑胶路面养护与维修主要是指在雨水、风霜等自然侵蚀或人为破坏表面出现的破损、开裂等病害时的维修。

2. 塑胶路面养护与维修要求

塑胶路面应面层颜色均匀一致，不脱胶、不起泡、无破损、无坑洞。

3. 塑胶路面养护与维修措施

1）清除破损、开裂的塑胶面层和挖除损坏的塑胶时必须按矩形清除，并清除彻底。

2）清除破损塑胶后，滚刷底胶，底胶固化后，铺设黑胶粒底层，铺设厚度与现有塑胶相同。

3）破损修补结束，底层塑胶固化后，对全场进行清理，清除所有可能造成面层分层的油污等。

4）对全场进行平整度测量并标识。

5）面层施工时，首先对标识出的低洼处和破损修补塑胶先喷涂一遍，待固化后，若还有低洼处，再喷涂一遍。

6）找平结束后按顺时针和逆时针方向各喷涂一遍面层。

6.3.4　铺装路面养护与维修

河道铺装园路是指用块石、卵石、道板、木板等材料进行的地面铺砌装饰，其中在园路、广场、活动场地、亲水平台等地方较为常见。河道园路铺装，不仅具有组织交通和引导游览的功能，还为人们提供了良好的休息、活动场地，具有一定的景观效果。

园路铺装路面维修主要是通过人工或机械设备配合人工对形成的病害进行修复和养护。

1. 铺装路面养护与维修内容

1）块石、卵石、道板路面出现松动、破损、错台、凸起或凹陷等现象时的维修。

2）木板路面出现腐蚀、松动、破损、缺失、固定构件松动，以及木材特有的开裂、反翘、弯曲等现象时的维修。

3）砌块填缝料散失的补充。

2. 铺装路面养护与维修要求

1）路面应平整、稳定，无松动、错台、凸起或凹陷现象。

2）填缝料缺失时应及时补缝，补缝应饱满密实。

3）更换块石路面应采用花岗石、大理石，不宜抛光、机刨。

4）更新的块石材质，规格应与原路面一致。

5）施工时整平层砂浆应饱满，严禁在块石下垫碎砖、石屑找平。

6）铺砌后的块石应夯平实，并应采用小于5mm砂砾填缝。

7）当块石路面粗糙条纹深度小于2mm时，应凿毛处理，并应满足抗滑要求。

8）面层砌块铺装时，应设置满足强度要求的基层。

9）木质地板尽量选择耐久性强的木材，或加压注入的防腐剂对环境污染小的木板。垫板透缝不宜小于5mm。

10）木质地板的基础底层应做一定的坡度，防止雨水滞留；地面不应密闭，以防止地板受潮膨胀。

11）木质地板与龙骨固定配件应使用具有耐腐蚀性的螺钉和小螺钉，其长度应为地板厚度的2.5倍，而且固定龙骨需要耐腐蚀的L形金属配件、基础螺栓、螺母。

3. 铺装路面养护与维修措施

1）块石铺装路面养护与维修。

（1）若块石铺装路面破损，先将破损部分拆除。

（2）安装块石时底部砂浆卧底1～2cm，道板安装应紧密，块石根据原设计要求铺装。

2）卵石铺装路面养护与维修。

（1）若卵石路面破损，先将破损部分拆除。

（2）施工前应用少许清水湿润地面，在清理好的地面上应用1∶3干硬性水泥砂浆铺到地面。

（3）用灰板贴实，砂浆铺设厚度应在鹅卵石高度2/3以上。

（4）按照要求将鹅卵石放在干硬性砂浆上，用橡皮锤砸实，根据装饰标高，调整好干硬性砂浆厚度，从中间往四周铺贴。

（5）等24h后水泥砂浆勾缝，应在12h之后等水泥浆凝固后用棉纱等物对鹅卵石表面进行清理。

3）道板铺装养护与维修。

（1）若道板路面破损，先将破损部分拆除。

（2）C15垫层上面铺设1～3cm的M10砂浆找平层（或根据设计要求），并找平。

（3）用橡皮锤夯实。

（4）路面砖带有1.0～2.0mm预留砂缝。

（5）面砖铺设完后，须用经过筛选后的细砂填缝，面砂应使用中细砂粒。如果砂粒含水率大，可铺在地砖表面晾干，清除砂粒里面的碎石后，扫入砖缝。

（6）使用夯板前，必须用细砂填缝。

（7）小型高频小振幅板夯在砖表面走3遍。

4）木板路面养护与维修。

（1）木材上的节疤、裂纹部分可使用环氧树脂等填充处理。

（2）为保护木材表面并保持其美观（如防褪色、防污损、减少开裂等），在木材表面涂饰防水剂、表面保护剂，而且每两年至少应涂刷一次着色剂。

（3）在气候潮湿的地方，木地板上如生青苔，则极易打滑，应当考虑在地板上铺设金属网防滑，或采用混凝土仿木材料作地板。

6.3.5 路缘石养护与维修

路缘石也被称作道牙石或路边石、路牙石，根据用料的不同，路缘石可分为混凝土路缘石和石材路缘石。

路缘石的形式有立式、斜式和平式等。作为一种铺设路面的辅助材料，在园路及慢行系统上区分人行道、绿地和园路其他部分的界线，既可以美化园路又可以保护路面不受破坏。

1. 路缘石养护与维修内容

当路缘石发生破损、缺失、松动时的维修。

2. 路缘石养护与维修要求

1）无缺失、破损、倾斜、松动，勾缝饱满、光洁、结实。

2）应保持稳固、直顺。

3）发生挤压、拱胀变形应调整并及时勾缝。

4）更换的石材规格、材质应与原材料一致。

5）园路翻修、改造时，砌筑应采用 C15 水泥混凝土做路缘石背填。

6）花岗石、大理石路缘石的养护与维修，其缝宽不得小于 3mm，最大缝宽不得超过 10mm。

7）路缘石养护质量验收标准应符合表 6-1 的规定。

表 6-1　路缘石养护质量验收标准

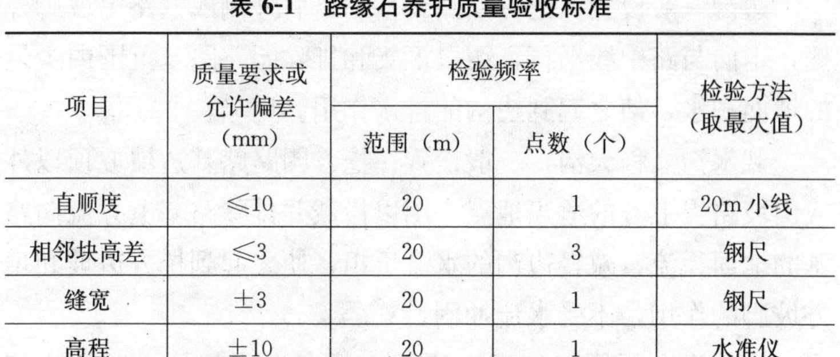

项目	质量要求或允许偏差（mm）	检验频率		检验方法（取最大值）
		范围（m）	点数（个）	
直顺度	≤10	20	1	20m 小线
相邻块高差	≤3	20	3	钢尺
缝宽	±3	20	1	钢尺
高程	±10	20	1	水准仪

8）路缘石标准应符合表 6-2 的规定。

表 6-2　路缘石标准

项目	技术要求
抗弯拉强度（MPa）	不低于设计要求
抗压强度（MPa）	≥30
长度（mm）	±5
宽度与厚度（mm）	±2
缺边掉角（mm）	<20，外路面、边、棱角完整
其他	颜色一致，无蜂窝、露石、脱皮、裂缝等

3. 路缘石养护与维修措施

1）先挖除病害部分。

2）清理基地，夯实，1～2cm 砂浆卧底。

3）用合格材料（符合设计或原路面同等材料）复砌。

4）平石安装完后检查纵向线形是否平顺，合格后勾缝，路缘石勾缝以平缝为宜。

5）侧石要整齐稳固，灌浆饱满，勾缝光洁、结实。

6.3.6　排水系统养护与维修

河道排水系统通常分为边沟、截水沟、排水沟三大类。

边沟一般设置在挖方园路路基的路肩外侧或低路堤坡脚外侧，走向与路中线平行，用以汇集和排除园路路基范围内少量的地面积水，使之起到边沟的排水作用。

截水沟又称天沟，一般设置在挖方园路路基边坡坡顶以外或山坡路堤上方的适当地点，用以拦截并排除路基上方流向路基的地面径流，减轻边沟的水流负担，使之起到挖方边坡和填方坡脚的作用，不受水流冲刷。

排水沟主要用于把来自边沟、截水沟或其他水源的水流（如边沟、截水沟、边坡和路基附近积水）引至桥涵或路基范围以外的指定地点。

1. 排水系统养护与维修内容

1）边沟、排水沟和截水沟内淤积物的清除。

2）边沟、排水沟和截水沟沟断面破损时的整修。

2. 排水系统养护与维修要求

1）边沟、排水沟和截水沟内淤积物及时清除，沟内流水应畅通，断面完好。

2）边沟、排水沟和截水沟沟断面破损时，应及时整修。

3. 排水系统养护与维修措施

1）清理排查。

（1）清理边沟、截水沟、排水沟内杂物、淤泥。

（2）清理完成后采用C25混凝土对排查中发现的孔洞、裂缝进行填塞封堵。

（3）封堵工作完成、混凝土强度满足要求后方可开始下步工序施工。

2）凿毛。

（1）所有新旧混凝土结合面均需进行凿毛处理，凿毛应彻底全面。

（2）凿毛完成后及时清理。

3）混凝土排水沟浇筑。

（1）排水沟采用C25混凝土。

（2）施工时应一次浇筑成型。

（3）如因现场条件限制不能一次成型的，先浇筑沟底再进行两侧沟帮浇筑。

（4）并对施工缝位置进行防渗处理。

4）聚氨酯防水涂料施工。

（1）混凝土排水沟施工完成后，对所有过水面进行防水涂刷，材料应采用聚氨酯防水涂料，防水施工涂刷分两道进行。

（2）第一道施工涂刷施工，应做到全面细致无遗漏，基面应平整、干净，无起砂、松动，施工时应先涂层底胶，底胶应均匀。

（3）底胶固化后，进行第二道涂刷，涂刷方向应该与前一次垂直交差，防止漏刮，依次涂刷3～5次。

（4）完工后，防水层未固化前，不得进行下道工序，以免破坏防水层。

6.4 景观休闲设施养护与维修

河道景观休闲设施主要是指沿河供人们观赏休憩的廊亭、亭阁、景观雕塑、假山、座椅、景观桥等建筑小品。这种建筑设施大部分除具有使用功能外，还必须具有观赏或装饰功能，启到点缀、装饰美化河道的作用。

河道景观休闲设施养护与维修主要是通过人工对损坏的建筑小品进行修复维修。

6.4.1 廊亭、亭阁等设施养护与维修

廊亭、亭阁通常是指各类供休息、游赏的建筑物，常见的有木质结构、钢筋混凝土结构等。

廊亭、亭阁维修主要是通过人工对构件表面损坏进行修复和养护。

1. 廊亭、亭阁养护与维修内容

1）廊亭、亭阁涂层剥落或破损的维修。

2）廊亭、亭阁局部有凹槽、起砂、裂缝、疏松等现象的维修。

2. 廊亭、亭阁养护与维修要求

1）根据施工图纸，了解景观设施特点、规范标准、质量要求、操作要点。

2）廊亭、亭阁表面完好，油漆表面无鼓包、斑驳、剥落、锈蚀等现象，造型完好。

3）涂层表面无剥落、凹槽、起砂、裂缝、疏松等现象。

4）涂层表面必须坚实牢固，无脱砂、裂纹、疏松、剥落等现象。

5）被涂层表面必须清洁，无灰尘、泥土、油污、霉斑等附着物。

6）廊亭道板无破损、裂缝、松动等现象。

7）更换材料，按原规格、原材质、原颜色（相近色系）采购、施工。

8）廊亭、亭阁养护与维修措施符合相关要求。

3. 廊亭、亭阁油漆剥落的维修措施

1）清除木制品及木基层表面灰尘、污垢。

2）修整木基层表面的毛刺，用砂皮磨光，使边角整齐。

3）用油性腻子（或透明腻子）进行批刮、磨光，复补腻子后磨光。

4）施涂第一遍油漆，复补腻子，磨光后清除表面灰尘。

5）施涂第二遍油漆，磨光后清除表面灰尘并用水砂皮进行水磨，修补挂油的部分。

6）施涂第三遍油漆，直至达到理想效果。

4. 廊亭、亭阁涂层剥落或破损的维修措施

1）对疏松、起皮的旧涂层，应连同腻子彻底铲除，洗净且干燥后用腻子找平。

2）对轻度粉化但牢固的旧涂层，打磨平整后用封底漆底涂即可。

3）严重粉化的旧涂层应事先彻底清洗，旧的油性涂料应完全去除，再重新上涂料。

4）局部较深的凹槽应先用水泥砂浆填充，局部凸起应先削平。基层在批刮腻子前必须坚实牢固，不应有起砂、裂缝、疏松等缺陷。

5）表面破损、裂缝、不平整等部位在底涂前用外墙耐水腻子修补平整。每次批刮腻子的厚度控制在2mm之内，批刮腻子的总厚度不超过5mm。腻子应坚实牢固，不得粉化、起皮或干裂。

6）腻子干后，要用砂纸打磨平整，再用湿布将腻子上的浮灰抹去，并尽快涂漆，以免再次落灰。

6.4.2　景观座椅等设施养护与维修

景观座椅是河道景观设计中必不可少的小品元素之一，为游人提供一个暂时休憩的公共设施，无论是公园、街道、广场，还是街旁绿地，都随处可见。

景观座椅维修主要是通过人工对形成的破损进行修复和养护。

1. 景观座椅养护与维修内容

1）座椅表面剥落、掉漆现象的维修。

2）座椅结构部件断裂的维修。

3）座椅底座基础或座椅板断裂的维修或更换。

2. 景观座椅设施养护与维修要求

1）根据施工图纸，了解景观设施特点、规范标准、质量要求、操作要点。

2）座椅完好无断裂、破损，油漆表面无鼓包、斑驳、剥落、锈蚀等现象，造型完好。

3）更换材料，按原规格、原材质、原颜色（相近色系）采购、施工。

3. 景观座椅设施养护与维修措施

1）景观座椅表面剥落、掉漆现象的维修。

(1) 清除木制品及木基层表面灰尘污垢。

(2) 修整木基层表面的毛刺，用砂皮磨光，使边角整齐。

(3) 用油性腻子（或透明腻子）进行批刮、磨光，复补腻子后磨光。

(4) 施涂第一遍油漆，复补腻子，磨光后清除表面灰尘。

(5) 施涂第二遍油漆，磨光后清除表面灰尘并用水砂皮进行水磨，修补挂油的部分。

(6) 施涂第三遍油漆，直至达到理想效果。

2）座椅机构部件断裂的维修。

(1) 对可活动部位，配置相同材料进行更换。

(2) 对不可活动部位，进行整体更换。

3）座椅因底座基础或座椅板断裂的维修或更换。

4）拆除原座椅，按原规格采购，浇筑座椅基础，整体安装，固定。

6.4.3　景观桥养护与维修

景观桥是指与周边环境共同构成景观的桥梁。除了作为观赏景观之外还得综合考虑交通、休闲观景和人行、游船等功能要求，做到人行方便、休闲观光舒适。常见的景观桥梁有石桥、木桥、石木桥、竹木桥等。

廊亭、亭阁维修主要是通过人工或机械设备配合人工对破损部位进行修复和养护。

1. 景观桥养护与维修内容

1）景观桥的拱脚、桥台、桥墩发生水侵害、移位、破损的维修。

2）梁板、拱肋发生裂缝、破损的维修。

3）栏杆松动、缺失的维修。

4）桥面铺装破损、木板缺失或锈蚀的维修。

2. 景观桥养护与维修要求

1）根据施工图纸，了解景观设施特点、规范标准、质量要求、操作要点。

2）景观桥的拱脚、桥台、桥墩无水侵害、移位、破损，梁板、拱肋无裂缝、破损，栏杆稳固、完好，桥面铺装无破损、无木板缺失或锈蚀等病害。

3）更换材料，按原规格、原材质、原颜色（相近色系）采购、施工。

3. 景观桥养护与维修措施

1）拱脚、桥台、桥墩发生水侵害、移位、破损，梁板、拱肋发生裂缝、破损的进行检查维修。

2）栏杆发生变形、损坏、缺失、风化，应及时按原材质采购维修，立柱及水平构件松脱，应及时紧固或更换，修复后与原结构材质、色调一致（融入周围环境）。

3）木板铺装的桥面或木质栏杆有油漆剥落的维修，可参照本节廊亭、亭阁油漆剥落的维修措施进行处理。

6.5 环卫设施养护与维修

河道环卫设施主要指与城市河道景观和周边环境相协调，且功能符合城市垃圾分类要求、有明确标志的分类垃圾箱、垃圾桶，目前河道常见的有各类不锈钢果壳箱。

河道环卫设施维修主要是通过人工对破损的果壳箱、垃圾桶进行修复和养护。

1. 环卫设施养护与维修内容

1）果壳箱、垃圾桶等环卫设施有缺损、歪斜、字迹模糊、生锈、油漆剥落等现象的维修。

2）发生破损、歪斜的维修或更换。

2. 环卫设施养护与维修要求

1）果壳箱、垃圾箱等环卫设施应保持洁净、字迹清晰、油漆完整，无缺损、歪斜、生锈。

2）果壳箱、垃圾箱等环卫设施发生破损、歪斜时应及时维修或更换。

3）果壳箱、垃圾箱等环卫设施发生缺失时应及时采购并原样恢复。

4）果壳箱、垃圾箱等环卫设施外表油漆脱落时应及时涂刷。

3. 环卫设施养护与维修措施

1）环卫设施活动构件出现破损无法修复时，进行同材料、同规格的采购、安装。

2）不锈钢环卫设施的养护。

（1）定期做防锈处理，必要时需要用肥皂水清洗。

（2）如果是其他金属粘贴的影响导致的生锈，应使用布和中性洗涤剂擦洗生锈部位，然后用清水清洗干净，表面无水渍，注意表面不要留中性洗涤剂。

（3）定期除锈，使用少量酒精、丙酮在锈蚀部位擦拭，然后用清洁液清洗，表面无水渍。

3）环卫设施因变形无法部分修复时，拆除原设施，按原规格采购，浇筑基础，整体安装、固定。

6.6　导向、信息标志养护与维修

河道导向、信息标志主要是指沿河道慢行系统、码头、廊亭、草坪等设置的有导向、介绍等信息的牌子，常见的有木质品、业克力制品、不锈钢制品等。

河道导向、信息标志维修主要是通过人工对破损的公告牌、介绍牌、导向牌、倡导牌、公示牌等标示牌进行修复和养护。

1. 导向、信息标志养护与维修内容

导引设施发生松动、变形、损坏、锈蚀时应及时维修及更换。

2. 导向、信息标志养护与维修要求

1）导向、信息标志放置合理、美观、醒目、规范。

2）导向、信息标志无松动、变形，支撑牢固，外观完好。

3）导向、信息标志表面无油漆和涂料脱落、斑驳、生锈等影响感观现象，字迹完整、清晰、镶嵌牢固。

4）同一类标牌应统一材质和风格，材质宜采用经济、绿色、环保、便于日常维护的新型材料。

5）宜选用的材质应经济耐用防盗，紧急时可采用喷漆、安放移动标志牌等临时处理。

6）需要油漆或粉刷的应定期油漆或粉刷，每年不少于一次。

3. 导向、信息标志养护与维修措施

1）导向、信息标志被盗或牌上字体缺损变形应及时采购更换。

2）发生变形、损坏、锈蚀导致无法修复时，及时按原规格采购、更换，拆除破损设施，安装，浇筑基础（或直接立于土体中，要求牢固、直立），修复后与原结构材质、色调一致。

3）不锈钢材质的标志不易生锈、腐蚀。保养方法：经常性清洗，定期进行抛光、打蜡和上油维护。

4）实木材质的标志受到风吹日晒会出现干裂、起皮等情况。保养方法：使用防火、防裂、防水、阻燃性能的保护剂进行保养。清理木制标牌表面污垢，待干燥后，涂刷保护剂两遍，晾干即可。

5）亚克力材质的标志易刮伤、磨损。保养方法：一般污垢可用清水冲洗，擦干即可；油渍应用软性洗洁剂加水清洗，用软布擦干；磨损、轻度擦伤或失去光泽的标识牌，要抛光打蜡；破损断裂的亚克力标识牌可采用 IPS 黏结胶水/黏合剂进行黏合。

6）镀锌板材质的标识牌性能好，抗腐蚀性强，是标识牌常用的一种材质。对镀锌标识牌的保养和不锈钢板差不多，定期进行清洗、打蜡和上油维护。

6.7　安全设施养护与维修

河道安全设施主要是指根据河道园路交通及安全管理需要并与周边的设施环境、景观条件相协调而设置的防护、救生、警示等安全设施。

河道安全设施维修主要是通过人工对破损的安全防护设施、救生设施、警示设施的维修和更换。

6.7.1　安全防护设施养护与维修

河道安全防护设施主要是指沿河慢行系统或园路、栈道、栈桥、观景平台、闸站、游船停靠点，以及在地形险要的地段、直立式护坡（高度1m以上）危险处设置的防护性护栏、防撞墩、限位墩等。

河道安全防护设施维修主要是通过人工对破损的防护性护栏、防撞墩、限位墩进行维修和更换。

1. 安全防护设施养护与维修内容

1）护栏的立柱及水平构件松脱时的紧固或更换。

2）护栏、防撞墩、限位墩发生变形、损坏、缺失、风化的修复或更换。

3）铁制品护栏的除锈工作。

2. 安全防护设施养护与维修要求

1）护栏、防撞墩、限位墩等安全设施完好、无缺失、无破损、功能完好、稳定牢固、保证连续。

2）施工时做好现场维护，设置施工牌。

3）护栏表面应保持洁净，需要油漆或粉刷的护栏应定期油漆或粉刷，每年不少于一次。

4）喷漆作业气温宜在5～38℃，当天气温度低于5℃时，应选用相应的低温油漆材料施涂。

5）当气温高于40℃时，应停止油漆作业。因构件温度超过40℃时，在钢材表面涂刷油漆时会产生气泡，降低漆膜的附着力。

6）当空气湿度大于85％或构件表面有结露时，不宜进行喷漆作业。

3. 安全防护设施养护与维修措施

1）护栏的立柱及水平构件松脱时应及时紧固或更换，修复后与原结构材质、色调一致（融入周围环境）。

2）护栏、防撞墩、限位墩如发生变形、损坏、缺失、风化，导致无法修复，应及时按原材质采购、更换。

3）铁制品护栏长期暴露在大气中会生锈，必须涂以防腐蚀涂料如防锈漆、沥青漆等加以保护，锈蚀的护栏可采取以下措施：

（1）基面清理。

① 油漆涂刷前，应将构件表面的铁锈、油污、尘土等清理干净。

② 基面清理除锈，将原有油漆用砂纸、砂轮打磨露出原色。

（2）喷漆涂装。

① 喷漆在栏杆表面打磨完毕后进行。

② 面漆的调制应选择与原构件颜色完全一致的面漆，兑制的稀料应合适，面漆使用前应充分搅拌，保持色泽均匀。其

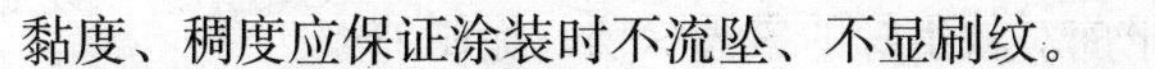

黏度、稠度应保证涂装时不流坠、不显刷纹。

③ 面漆在使用过程中应不断搅拌，涂刷的方法和方向与上述工艺相同。

④ 涂装工艺采用喷涂施工时，应调整好喷嘴口径、喷涂压力，喷枪胶管能自由拉伸到作业区域，空气压缩机气压应在 0.4～0.7N/mm^2。

⑤ 喷涂时应保持好喷嘴与涂层的距离，一般喷枪与作业面距离应在 100mm 左右，喷枪与钢结构基面角度应该保持垂直，或喷嘴略微上倾为宜。

（3）成品保护。

① 栏杆喷漆后 24h 内为养护阶段，应加以临时围护隔离，防止踏踩、碰蹭，损伤涂层。

② 栏杆喷漆后，在 4h 内如遇下雨，应加以覆盖，防止水气影响涂层的附着力。

③ 喷漆后的栏杆勿接触酸类液体，防止损伤涂层。

6.7.2　救生设施养护与维修

河道救生设施主要是指在游船码头、人流密集区域，易发生落水区域设置的河道救生圈、救生衣、救生绳、救生梯等救生设备。

河道救生设施养护与维修主要是通过人工对破损的救生圈、救生衣、救生绳、救生爬梯进行维修和更换。

1. 救生设施养护与维修内容

1）定期检查，救生设施发生变形、损坏、移位、被盗、缺失时及时维修或更换。

2）救生设施相关构件发生松动或者位移的紧固和复位。

3）救生设施无法修复时的整体更换。

4）每年汛前对救生梯的紧固除锈、涂刷油漆。

2. 救生设施养护与维修要求

沿河设置的救生圈、救生衣、救生绳、救生梯等救生设施应功能完好、拿取方便、无腐蚀、表面洁净、地点醒目。

3. 救生设施养护与维修措施

1）救生设施变形、损坏、移位、被盗、缺失导致功能丧失或者无法修复时，按照原规格、材料采购、更换。

2）构件有松动或者位移的，检查松动部位，做好紧固措施及复位加固工作。

3）上岸扶梯、救生设施的紧固件（螺栓、螺帽）有松动、缺失、损坏的应按原标准修复或更换，每年汛前进行紧固除锈、涂刷油漆。

6.7.3 安全标志养护与维修

河道安全标志主要是指在河道建设工程施工处、亲水平台、亲水活动区域、垂直式河道驳坎、其他易发生危险区域设置的禁止标志、警告标志、安全警示线等。

河道警示标牌养护与维修主要是通过人工对模糊、破损的禁止标志、警告标志、安全警示线进行维修或更换。

1. 安全标志养护与维修内容

1）禁止标志、警告标志表面油漆剥落的维修。

2）禁止标志、警告标志发生松动、变形、损坏、锈蚀时应及时维修及更换。

3）安全警示线模糊不清的修复。

2. 安全标志养护与维修要求

1）禁止标志、警告标志、安全警示线等安全标志放置合理、美观、醒目、规范，无松动、变形，支撑牢固，外观完好。

2）安全标志表面无油漆和涂料脱落、斑驳、生锈等影响感观现象，牌上字迹完整、清晰、镶嵌牢固。

3）同一类安全标志应统一材质和风格，警示牌宜用反光材料，材质宜采用经济实用、绿色环保、便于日常维护的材料。

3. 安全标志养护与维修措施

1）发生被盗、变形、损坏、锈蚀无法修复时，及时更换，按原规格采购、浇筑基础（或直接立于土体中，要求牢固、直立）、安装，修复后与原结构材质、色调一致。

2）按照不同材质的禁止标志、警告标志采用不同的维护措施（可参照导向、信息标志的养护与维修措施）。

3）模糊的安全警示线要及时修复。它由等宽的黄色、黑色相间条纹构成，倾斜为60°，色条宽为50mm。要标注“小心水深、请勿靠近”字样。

6.8 监测、监控设施养护与维修

河道监测、监控设施主要是指用于采集水位、流量、水质、雨量及图像并传输至终端的在线监控设备，实现分布监控，集中控制管理。

1）调试检查前端设备摄像机、控制系统是否正常运转，防护罩及支撑是否牢固，密闭情况如何。发现故障时应联系具有相关资质的单位或厂家进行维修。

2）调试检查信号传输系统是否衰减，线路连接状态是否正常，避雷装置是否牢固。发现故障时应联系具有相关资质的单位或厂家进行维修。

3）调试检查硬盘录像机、监视器、控制设备等中心控制室是否正常运转。发现故障时应联系具有相关资质的单位或厂家进行维修。

4）每年汛前、汛后应对在线监测设施进行全面检查、校对。

第 7 章　河道养护应急管理

河道养护应急管理要按照“安全第一、常备不懈、以防为主、全力抢险”的工作方针，采取积极有效的措施，全力做好各类应急管理工作，制订河道的抗雪防冻、防汛抗台风、水质污染、重大活动及节假日等应急保障方案，并按照要求做好相应保障及抢险工作。

1. 组建应急领导小组

在管辖市、区政府的统一领导下进行，各部门共同参与、各负其责。应急响应组织构架应符合企业运行特点，层层上报，及时反馈。

2. 组建应急抢险及保障队伍

项目负责人统一指挥，召集市政、绿化、机电、安全等河道相关专业技术人员及管理员带头的队伍，随时待命。

3. 建立 24h 轮班值守制度

1）建立值班制度，设立抗雪防冻、防汛抗台风小组及值班电话，24h 轮班值守。在灾害性天气，值班人员应通过网络、广播媒体每小时收集、记录一次最新气象信息，并密切注意灾情的发展。

2）遇特殊情况，及时向应急领导小组汇报。

3）各相关人员的手机必须保持 24h 开机，保持通信畅通。

4. 做好日常养护与维修

严格按照养护技术规范的要求，进一步做好设施的隐患排查治理和日常养护管理工作，避免因设施自身问题而影响应急响应工作。

5. 抢险及保障物资准备

抢险物资：麻袋、木桩、铁丝、土工布、土、砂石料、镐头、铁锹、斧头、油锯等。

抢险设备：救生舟、冲锋舟、发电机、防汛抽水设备、挖掘机、装载机、凿岩机、运输车辆等。

保障物资：警戒线、救生衣、安全帽、围护栏、提示牌等。

6. 定期演练

定期由项目负责人指挥、组织抢险队伍进行抢险演练。应急演练应遵循先人员后财产、先老弱病残人员后一般人员的原则。

7. 预先备战

1）应急通道应保持畅通，无明显裂缝，满足应急巡查及运送应急物资的要求，管理范围内无杂物堆放，应急物料充足，存放位置合理，摆放整齐。

2）发现各涉水点存在围堰、河边高堆土存在安全隐患，第一时间要求各责任工地进行相应整改，在汛期来临前拆除围堰、清理高堆土，并以特殊情况说明的方式上报。

3）对河道地势低，易淹的河段，第一时间拉设警戒线。

4）发现其他河道安全隐患，第一时间拉设警戒线；情况严重时，设置安全警示牌、张贴安全提醒告示。

8. 安全教育宣传

1）运用多种形式和渠道，有针对性地开展安全教育。

2）通过安全教育，增强全体人员雨雪天气的安全意识，提高对防范恶劣天气的认识，了解防寒、防冻、防滑、防火灾、防台风等知识，掌握园路结冰、积雪时应采取的安全措施。

3）要及时掌握天气变化的第一信息，做好防范准备。

7.1 一般规定

1）严格遵循统一指挥、统一协调、统一部署、科学应对、分级实施的原则。

2）坚持做到责任到位、指挥到位、人员到位、物资到位、措施到位。

3）完善各项应急预案措施制度和制定各项应对措施。

4）充分利用各种渠道进行应急抢险、抗雪防冻、防汛抗台风等知识的宣传教育，开展各项应急演练，不断提高各类应急抢险意识和基本技能。

5）认真落实各项应急工作责任制，成立应急工作小组，编制应急预案，配备必要的抢险队伍、设备和物资，落实24h值班制度，保证信息畅通。发布防汛预警信号后，应进入响应状态，直至预警信号解除。

6）随时注意天气变化，应对河道养护范围内的设施，尤其是高大、浅根、迎风、树冠庞大、枝叶过密的树木应预先进行加固防范。

7）作业时，必须按规定要求配备、正确使用劳保用品、机械设备，如雨衣、雨靴、救生衣等。

8）外出车辆、船只进行河道巡查时，应低速行驶，避免交通事故。

9）发现险情应第一时间上报，并及时组织实施抢险；在没有有效保护措施的前提下，严禁擅自抢险。

10）在应急抢险阶段，保持通信畅通。

7.2 抗雪防冻应急管理措施

河道抗雪防冻应急管理措施是指在冬季降雪或低温来临前、中、后采取的应急措施。

1）降雪之前，做好河道相关设施、设备的安全检查。

（1）在亲水平台、窄道、急弯路、主要通道口等危险区段，设置警示标志（拉设禁戒线、设置警示牌），排除安全隐患，确保行人的通行安全。

（2）检查船只停放是否安全，适当地用缆绳加固船只，防止河面结冰或水位变化造成船只受损。

2）降雪时，根据降雪情况，安排作业人员做好巡查、防积雪措施。

（1）气温低于零度，降雪量不大，仅有少量积雪时：加强慢行系统的巡查，及时掌握园路积雪情况，在桥梁、阶梯、陡坡铺设草垫、草包等防积雪措施。

（2）气温低于−3℃，降雪量较大，路面开始结冰时：不得外出作业，不得使用人工撒盐手段，防止影响河道水质。

3）雪停后，白天及时安排作业人员清扫辖区园路积雪，夜间没有接到指令不得外出作业。

（1）对桥梁、阶梯、陡坡等易滑易冻地段进行清扫、除雪，防止行人滑倒。积雪清理干净之后，安排人员及时收集园路上的积雪及铺设的草垫、草包，防止结冰引起路面湿滑。

（2）将清扫的路面和草坪的积雪，用三轮车及时清理，以免影响环境美观，清洁时应注意安全，禁止冒险作业。

（3）将剩余的断枝、倒树清除（优先清理园路及园路周边区域，保障园路通行及行人出行安全）。

4）若发现有行人滑到受伤，做好人员安抚，必要时可拨打急救电话或报警电话，同时上报管理人员。

7.3　防汛抗台风应急管理措施

河道防汛抗台风应急管理措施是指在台风、大雨来临前、中、后采取的应急措施。

1）当台风暴雨来临前，做好河道相关设施、设备的安全检查。

（1）实时收集有关气象信息，提前做好防汛抗台风准备，备足钢管、砂包、土袋、水泵、发电机、挖掘机、水泥等防洪应急设备与材料。

（2）在河道沿线的亲水平台、河埠头、码头及桥梁栈道低洼处拉设警戒线，放置警示牌，对沿线行人做好警示提醒工作。

（3）对河道沿线涉河工地、围堰、驳坎进行排查，发现有破损、松动或者河道过水断面较窄的围堰，必须修补或拆除，对任何河道内影响防洪排涝的设施需提前告知或拆除。

（4）通知沿线闸泵站及时关注、控制河道水位。

（5）在台风、暴雨期间通常会有大量垃圾聚集，影响防汛过水，在大暴雨来临前，河道上游应设置钢管拦污栅，组织定点集中打捞垃圾。

（6）检查水生植物是否牢固。

(7) 检查排水设施是否畅通、无堵塞。

2) 当台风、暴雨来临时，严禁外出作业。

(1) 严禁在大树底下躲雨，避免雷击伤人。

(2) 根据河道的特殊情况，在汛期，经常会发生水位过高的情况，沿线闸站应建立 24h 轮流值班制度，控制水位开闸放水的情况，确保河道水位不超警界水位。

3) 在台风、大雨过后，及时安排作业人员排查河道设施，清扫园路。

(1) 查看河道沿线驳坎是否有破损情况，如有破损应及时修补。

(2) 对沿线断枝、倒树及时清除（优先清理园路及园路周边区域，保障园路通行及行人出行安全），清理汛前放置的准备设施，恢复正常养护。

(3) 在水位退去之后，第一时间安排保障人员对被淹没的园路进行淤泥冲洗，保证园路畅通。

(4) 若发现凉亭、驳坎出现破损或坍塌情况，应第一时间上报管理人员，同时在周边设置安全警示隔离设施，防止行人靠近。通知维修班组进行修复。

(5) 若发现树木倒伏砸压电力线路要立即向上报，并迅速通知电力部门，立即组织抢险，配合相关部门做好危险区域的人员疏散和设置安全警示隔离，防止触电事故发生。树木砸压电力线路或者高压线断折落地，未经电力部门的同意，在未采取安全措施前，任何人员不准进入危险区域，防止触电事故发生。

4) 若发现河道水域有人员落水，应及时报警，并根据实际情况采取相应措施，及时通知保洁船只前来救援，或在河岸确保自身安全的情况下进行施救。若有人员伤亡，做好人员安抚，必要时可拨打急救电话或报警电话，同时上报管理人员。

7.4　水质污染应急响应措施

河道水质污染应急响应措施是发生排水口出水、河面油污、藻类污染、工业废水等水质污染时采取的应急措施。

1）分析水质污染的原因。

（1）由于河道水流流动性差形成滞流河道，造成水体呈死水状态。

（2）由于排入河道的水源及污染物（污水直排，偷排，污/雨水、生活用水是否分流，周边污染物被风径流到达河道）使水体中有机污染物超标、水面大面积油污等污染。

（3）水体中溶解氧不足（曝气设备损坏或未开启），造成水体呈厌氧环境。

2）制定水质污染处理措施。城市河道生态治理主要有物理方法、化学方法、生态治理等。

（1）物理方法：曝气增氧、疏挖底泥、配水等。

（2）化学方法：通过投加化学药剂去除水体中的污染物，但化学药剂易造成二次污染，且治理费用较高。

（3）生态方法：通过增加自然界的自净能力治理和修复被污染水体。

7.4.1　排水口出水、河面油污等处理

河道范围内由于污水直排，偷排，污/雨水、生活用水分流，周边污染物被风径流到达河道，使水体中有机污染物超标、水面大面积油污等污染。

1. 排水口出水

1）加强巡查，分时段评估记录。

（1）巡查人员及时掌握河道沿线排水口设施（包括标识）完好情况、晴天出水情况。

（2）对有晴天出水现象的，要分时段（上午、中午、下午）检查出水情况，评估记录出水频次（间歇性或常出水）。

（3）查看该排水口上下游河道水质感官，做好信息登记并第一时间上报，同时做好与截污部门的对接。

2）必要时采用气囊对排水口进行临时封堵。

2. 河面油污

1）组织巡查人员对所养护河道进行全面的仔细巡查，找出油污、粉状漂浮物的源头和各个密集蔓延区域。

2）根据河面油污、粉状漂浮物的爆发源头、蔓延情况，组织船只、应急人员立即赶赴现场，对源头进行集中除油污、粉状漂浮物。

（1）采用围油栏将污染源头进行隔离围堵，并在围油栏内放置吸油毡。

（2）对油污源头及密集蔓延区域，用毛竹杆、毛竹片进行围堵。

（3）使用拦截油污和消化油污的吸油索绑（会浮在水面上）在围栏处起到截油、截污作用，将影响控制在最小范围。

（4）可使用吸油毡处理油污（吸油毡固定在吸油索上可以吸收一定量的油污）。

（5）投加高效生物菌剂进行污水处理，消除污染。

3）提高环保意识。改善环境不仅要对其进行治理，还要通过讲座、宣传等各种宣传形式来增强居民的环保意识。

7.4.2 生态污染（藻类污染、生态植物的爆发、水体生物污染）处理

河道范围内因浮萍或蓝藻爆发造成河面发生大面积污染，从而引发河道水质变差及生态环境的破坏。河道水质污染，造成水体生态环境破坏，影响河道养护质量。

1. 物理方法改善措施

1）对河道流动性差、突发生态污染的情况，一般增添曝气增氧设备，提高水体的溶解氧水平，恢复水体中好氧生物的活力，增强水体自净能力，从而改善河流的水质状况。

2）通过有关设备营造庞大水流、配水方法等让水体流动起来，可暂时改善污染情况。

3）引水冲污即通过清洁江河水置换河道的污染河水，将污染物稀释或带入下游，从而降低河道的污染负荷，提高河水的自净能力。当地水源不足时，需要外购净水，成本较高。

4）底泥疏浚即通过底泥的疏挖减少底泥中的污染物向水体的释放，能永久去除底泥中的污染物，有效减少内源污染，对改善河流水质有较好的作用。但该法工程量大，而且淤泥清除力度过大，会将大量的底栖生物、水生植物同时带出水体，破坏原有的生物链系统。另外，疏浚过程中会产生大量淤泥，如处理不善，会造成严重的二次污染。

2. 水体生态改善措施

通过生态工程创造适宜多种生物生息繁衍的环境、重建并恢复生态系统、恢复水体生物多样性，达到水体自净能力和被污染水体自我修复。

1）生态护岸。

（1）生态护岸技术主要包括河槽修复和生态型护岸建设。

(2) 河槽修复是指对渠道化、硬质化的河槽进行自然化修复、恢复河槽的自然地貌形态和自然断面形态，大多采用抛石、丁字坝、粗柴沉床等技术。

(3) 生态型护岸是指植被型护岸、石材型护岸（抛石、堆石、石笼）、木材型护岸、纤维型护岸、土工格栅护岸、生态混凝土护岸等。

2) 生物膜技术。

(1) 投放人工水草等载体使水体中的微生物附着在载体后形成黏泥状薄膜，提高生物量，使其不易在水中流失。

(2) 载体表面生物膜以污水中的有机物为食料加以吸收、同化，提高水体自净能力。

3) 水生动植物修复。

(1) 水生植物本身就具有净水功能，其根系部分不仅能吸附有机污染、净化水体功能，还可以向水体中输送氧气。

(2) 微生物帮助沉水植物吸收水体中的养分，同时微生物靠根的分泌物繁殖增强微生物活性能力，加快污染水体的净化能力。

(3) 沉水植物主要采用水草、伊乐藻等。

(4) 挺水植物主要采用千屈菜、黄花鸢尾、水葱、再力花、水生美人蕉、花叶香蒲、海寿等。

4) 生态浮岛。

(1) 采用环境友好型材料在水体中搭建供水生植物种植和生长的平台，具有水质净化、创造生物（鸟、鱼类等）的生息空间、改善景观和保护驳坎等作用。

(2) 水生植物可通过根系吸收和降解水体中的有机物、氮、磷等，且光合作用吸收二氧化碳，释放氧气。

7.4.3 其他类污染（工业废水、泥浆等水质污染）处理

河道范围内因不可预见性事件（直通河道的排水口或支流）造成河面发生大面积的工业废水或泥浆等污染，从而引发河道水质变差及生态环境的破坏。

1）组织巡查人员对所养护河道进行全面仔细巡查，找出油污或泥浆污染的源头和各个密集蔓延区域。

（1）对工业废水污染，上报相关部门，同时配合有关部门做好监管工作，从源头严格控制污染物排放。

（2）对生活用水污染，主要是控制厨房、洗涤房、浴室和厕所排出的污水和生活各种垃圾的乱排放，严格控制周边单位（工厂、工地）及个人的污水及垃圾乱偷排、倾倒等现象，特别是垃圾填埋场要远离水源地。

2）根据工业废水、生活用水或泥浆污染的爆发源头、蔓延情况，组织船只、应急人员立即赶赴现场，对源头进行集中清除。

（1）采用围油栏将污染源头进行隔离围堵，并在围油栏内放置吸油毡。

（2）对油污源头及密集蔓延区域用毛竹杆、毛竹片进行围堵，并使用拦截污水的吸油索绑（会浮在水面上）在围栏处起截污作用，将影响控制在最小范围。

（3）使用陶粒滤袋过滤后排入水体。

（4）通过投加化学药剂去除水体中的污染物，只是应注意化学药剂易造成二次污染，且治理费用较高。

第 8 章　河道养护资料管理

河道养护过程中所积累的技术资料应分类收集、整理、编目存档。逐步建立健全技术档案，建立各级信息运行及信息共享系统。

8.1　一般规定

1）公司档案资料的管理应由专人负责。

2）各类河道工程和相关设施设备均应建立技术档案。技术档案应以文字及图表等纸质件、音像及电子文档或纸质文档形式保存。图表资料等应规范齐全、分类清楚、存放有序、按时归档，并符合现行国家标准《城市建设档案著录规范》（GB/T 50323）要求。

3）城市河道养护管理单位应建立纸质、电子档案管理制度。

4）国家有关法律、法规、政策、指令、批示和河道设施相关的工程及设备运行维护管理各种规范、规程、标准和办法等。

5）总平面图、平面布置图、纵断面图、横剖面图、大样图和相关设施设备（竣工）资料等。

6）规定观测、测量项目和其他专门性观测项目的观测成

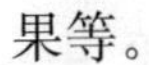

果等。

7）常规巡检、定期检查和特殊检测中形成的资料等。

8）采用计算机管理的技术资料应有备份。

8.2　河道养护资料管理措施

1）每条河道每月均应有照片留存，归档的照片应整理成册，分类编目，形成“一河一卡”河道及附属设施技术资料、档案和巡检、观测、维护、修缮、改造信息，实现档案和台账电子化，河道沿线重要监测点数据实现实时在线传输。

2）逐步实现运行维护技术资料数字化，采用计算机技术对档案资料实施智能化管理，并实现数据共享。

3）归档的档案文件总数、份数及每份的页数均应齐全完整。

4）以设施的移交时间进行档号编制，档案按档号摆放，便于保管和利用。

5）案卷外盒与封面应逐项按规定统一制作。

6）编制养护管理范围内的河道资料卡（表 8-1）。

表 8-1　养护管理范围内的河道资料卡

河道名称									
河道起止位置									
河道类别									
河面保洁	m^2								
河岸巡查	m								
硬质驳坎	m								
自然岸线	m								

续表

河道名称									
标警示牌	块								
栏杆长度	m								
垃圾外运（河面）	m^2								
生态浮岛及滨岸带挺水植物	m^2								
浮水植物	m^2								
沉水植物	m^2								
曝气增氧机	台								
人工水草	m^2								
闸泵站	座								
河道预处理排出口	个								

7）编制河道巡查记录（表 8-2）。

表 8-2　××河道巡查记录

巡查位置：　　　　　　　　巡查人员：　　　　　　巡查日期：

巡查内容	巡查设施	病害及异常情况	照片	备注
河面保洁	河面水域			
河岸保洁	河岸园路			
设施维修	驳坎（护坡）挡墙设施			
	园路及慢行系统			
	景观休闲设施			
	环卫设施			
	导向、信息标志			
	安全设施			
	检测监控设施			

续表

巡查内容	巡查设施	病害及异常情况	照片	备注
生态养护	水生植物			
	生态浮岛			
	曝气机			
作业规范性	规范作业			
	到岗情况			
	台账记录			

8）编制河道维修记录（表 8-3）。

表 8-3　××河道维修记录

维修项目		
维修位置		
材料设备		
维修班组		
维修日期		
维修前照片	维修中照片	维修后照片

维修记录：

参考文献

[1] 杭州市质量技术监督局．城市河道养护管理规范：DB3301/T 0272—2018［S］．杭州：2018.

[2] 杭州市质量技术监督局．城市河道净水设施养护管理规范：DB 3301/T 0234—2018［S］．杭州：2018.

[3] 杭州市质量技术监督局．城市河道标志系统设置规范：DB3301/T 0236—2018［S］．杭州：2018.

[4] 杭州市市区河道监管中心．城市生态河道设施配置规范：DB3301/T 0237—2018［S］．杭州：2018.

[5] 杭州市质量技术监督局．美丽河道评价标准：DB3301/T 0226—2017［S］．杭州：2017.

[6] 杭州市市区河道监管中心．杭州市城市河道作业人员作业行为规范：Q/HDJG SY—0010［S］．杭州：2016.

[7] 深圳市市场监督管理局．河道管养技术标准：SZDB/Z 155—2015［S］．深圳：2015.

[8] 上海市河道维修养护技术规程修编小组．上海市河道维修养护技术规程［S］．上海：2014.

[9] 广州市水务局．广州市城镇河道维修养护技术要求（试行）［S］．广州：2011.